走向第四范式

数据密集型科学研究

赵瑞雪　鲜国建　黄永文　张丹丹／编著

科学出版社

北京

内 容 简 介

大数据智能时代，数据作为新型生产要素已成为科研创新的基础战略资源。由于数据爆炸式增长，海量异构科学数据需要被更有效地分析、处理，以促进科学知识发现，由此产生了科学研究第四范式——数据密集型科研范式。本书在阐述数据密集型科研范式的概念、演变、特征、需求、发展趋势和面临的挑战基础上，重点调研、梳理、分析国际主流的数据密集型科研典型案例，剖析国内外数据密集型科研相关政策规划及数字基础设施建设项目，并对推进我国数据密集型科研范式和加强新型科研基础设施建设提出措施和建议。

本书可供科研管理决策者、科技创新人员、新型基础设施建设者阅读参考。

图书在版编目（CIP）数据

走向第四范式：数据密集型科学研究 / 赵瑞雪等编著. —北京：科学出版社，2024.1

ISBN 978-7-03-076988-6

Ⅰ. ①走… Ⅱ. ①赵… Ⅲ. ①科学研究—数据管理 Ⅳ. ①G3

中国国家版本馆 CIP 数据核字（2023）第217411号

责任编辑：石　卉　吴春花 / 责任校对：郑金红
责任印制：吴兆东 / 封面设计：有道文化

科学出版社 出版
北京东黄城根北街 16 号
邮政编码：100717
http://www.sciencep.com
北京中科印刷有限公司印刷
科学出版社发行　各地新华书店经销
*

2024年1月第　一　版　开本：720×1000　1/16
2025年2月第二次印刷　印张：11 3/4
字数：237 000

定价：**128.00元**
（如有印装质量问题，我社负责调换）

编 委 会

序

当前，全球新一轮科技革命、产业变革方兴未艾，物联网、智联网、大数据、云计算等新一代信息技术加快应用，数据规模呈现爆炸式增长态势。随着大数据成为基础性战略资源，新一代人工智能成为创新引擎，科学研究跨入"大数据＋人工智能"时代，数据密集型科研范式成为科技创新发展的主流范式。一个国家的科学研究水平，将直接取决于其在科学数据上的累积优势，以及将科学数据转化为知识的创新能力。

我国是农业大国，科技创新已成为促进农业高质量发展的主要推动力和核心竞争力。近年来，农业科技创新呈现出学科知识交叉、协作、融合等新特点，以智慧农业为代表的新一轮农业新技术革命，将有力地促进农业生产降本、提质、增效，实现绿色可持续发展，农业科技大数据资源、智能化知识服务作为数字科研基础设施的支撑作用也将愈加凸显。农业科技创新正逐步转向新型人机共生协作的科研模式，形成以数据科学和计算智能交叉融合为特征的新型研究范式，不断向农业科研数字化、智能化方向发展。

《走向第四范式：数据密集型科学研究》一书详细阐述数据密集型科研范式的基本内涵、产生背景、本质特征和发展趋势，梳理分析相关典型案例，系统总结数据密集型农业科研的新需求，设计数据密集型农业科研平台典型架构，以及面向农业领域数据密集型科研的多种应用场景，并提出一系列对策建议。

该书的出版，对于数字科研基础设施、生态系统的研发落地以及数据密集型农业科研应用场景实现，都具有重要借鉴意义，希望能为科技管理、科学研究等方面的读者系统了解数据密集型科研范式提供有益参考。

唐华俊

中国工程院院士

目 录

第 1 章　数据密集型科研范式概述

第 2 章　数据密集型科研环境发展态势

第 3 章　支撑数据密集型科研的数字基础设施典型案例

第 4 章 数据密集型科研典型应用案例及启示

第 1 章

数据密集型科研范式概述

随着信息技术的快速发展和科研数据的海量剧增，科学研究方法已经从之前的实验型、理论型、计算型转变为如今的数据密集型。越来越多的科研工作是基于现有科研数据的重新分析、组织、解析和利用，科研数据已经成为科学研究的知识基础及有力工具。数据、信息与知识的转化并产生新知识成为科学发现的关键，以数据密集型计算为主要特征的数据密集型科学研究范式已经到来。本章重点介绍科研范式的演变过程以及数据密集型科研范式的产生、核心内容、特征和对科学研究的影响。

1.1　科研范式的演变过程

科学研究为人们发明新产品和创造新技术提供了理论依据，支撑了人类社会对未知世界的探索和认知。科学研究讲究方式和方法，遵循一定的范式，且科学研究范式不是一成不变的，而是处于不断发展和演变过程中。

1.1.1　科学研究的概念

从研究方法论视角来看，科学是一种求知方式，而科学研究是一种以探寻科学为目的的智力型劳动。美国自然资源保护委员会（Natural Resources Defense Council，NRDC）将科学研究定义为：科学领域中的检索和应用，包括对已有知识的整理、统计以及对数据的搜索、编辑和分析研究工作（吴岱明，1987）。科学研究也可以理解为人们有目的的探索和运用科学技术的活动，包括创造知识和整理知识两部分（王凭慧，1999）。由此可见，科学研究需运用科学的方式，以探索未知的现象为目的，揭示客观规律，创造新理论、新技术，开辟知识新应用领域。与其他活动相比，科学研究活动具有探索性、创新性、继承性和积累性等特点，其基本任务就是探索和认识未知。

早期的科学研究传统方式是先观察现象，再总结感觉经验，最后得出预言，以亚里士多德的三段论（syllogism）最为典型。随着人类社会的不断进步，科学研究经过观察现象阶段后，在总结经验阶段加入演绎逻辑环节，然后才得出结论，使科学研究开始否定感觉经验，推崇逻辑推理。近代与现代，科学研究方式发生了很大的变革，尽管依旧是开始于观察现象，结束于得出结论，但科学研究方法已经囊括了观察现象、发现问题、提出假设、运用逻辑包括数学（计算）、通过实验对推论进行验证、对结论进行修正和推广等环节。可见，科学研究方法链条已变得更为完善，加入了实验验证和对结论的修正等环节。但纵观历史的发展，伟大的科学家建立科学理论体系时，并没有完全遵守该科学研究方法链条，爱因斯坦是从现象直达数学，而亚里士多德、泰勒斯的研究是停留在经验世界和现象之间，伽利略和牛顿则是停留在现象和理论之间。这些科学家建立的理论体系之间相互独立。貌似这些科学理论体系的建立遵从着某些不同的规则，美国著名的科学史家和科学哲学家托马斯·库恩发现了这一奥秘，并正式提出了与科学研究密切相关的"范式"这一概念（何法信和孙晓云，1989）。

1.1.2 范式的内涵与转换

"范式"一词来自希腊文，原意是指语言学的词源、词根，后来引申为范式、规范、模型、范例等含义。1959 年，托马斯·库恩在《必要的张力》一书中第一次正式谈起"范式"（paradigm）时，由于找不到能够更好地用于表达一个公认的模型或模式的词语，故借用"范式"一词（托马斯·库恩，2004）。1962 年，托马斯·库恩在《科学革命的结构》（*The Structure of Scientific Revolutions*）一书中指出"范式"是公认的科学成就，且在某一特定历史时期为这个科学共同体的成员提供了模型问题和解决方案；同时，对"范式"做出了清晰的界定和分析，将文化、社会和历史等因素注入到科学中，体现出科学的鲜明社会学转向（李堃和季梵，2019）。此外，托马斯·库恩还基于对常规科学本质的探讨，提出了"范式"的不同内涵（金吾伦，2009）。

（1）范式是开展科学活动的基础

托马斯·库恩在讨论常规科学的形成和本质时，将常规科学与范式联系在一起，认为一些公认的科学实践案例为后续研究提供了一些模型，从这些模型中产生了特定的、连贯的科学研究传统。范式是一种被接受的模型或模式，是科学共同体"普遍承认的科学成就"，并且是作为"一定时期内进一步开展活动的基础"（纪树立，1982）。只有获得明确的具有约束力的范式，该科学领域的发展才标志着走向成熟。

（2）范式属于一种实用工具

常规科学研究就是解谜的过程，范式可以看作是范例，为解决问题提供了具体方法，将抽象的精神工具化为实际行动。范式确定后，科学共同体的研究不必从头开始，新老成员都在范式的基础上研究范式所提出的新问题，他们可以深入研究本领域最前沿的重大问题，从而获得更多的知识，解决更多的疑难，提高工作效率。

（3）范式属于一种共同信念

范式涵盖了除异常之外的所有现象，在科学家的观点中具有绝对的理论地位。新理论的兴起让科学家在接受时，在很大程度上对自然的信仰发生颠覆性转变，如在能量守恒定律成为物理学的一部分之前就必须放弃热质说。在这里，信仰本身并不依赖于范式，而是新范式促成信仰的转变。

一个稳定的范式如果不能提供解决问题的适当方式就会变弱，从而出现范式转移（paradigm shift）。范式转移就是新的概念出现，据此对某一知识和活动领域采取全新的和变化了的视角。通常，范式转移是由某一特别事件引发的过程。特别事件是指在现有范式中被证明是反常的事件，为了纠正这些特别事件，决策者尝试建立新的政策工具，如果这些努力不能奏效，就会出现政策失败，进而打击旧的范式，促使人们寻找新的范式（曾令华和尹馨宇，2019）。例如，人们在发现地球是圆的而不是平的后，之前对地球上所发生的各种现象的理解全部都要重新考虑。这样，之前旧的范式（地平说）被一个新的范式（地圆说）所代替。从根本上来说，范式转移就是冲出原有的束缚和限制，为人们的思想和行动开创了新的可能性。

1.1.3　科研范式的演变

范式作为常规科学赖以运作的理论基础和实践规范，不是一成不变的。随着科学研究范式本身的发展，再加上外部环境的推动，新的范式在条件成熟时就会诞生。图灵奖得主、关系型数据库鼻祖吉姆·格雷（Jim Gray），于 2007 年在加利福尼亚州山景城召开的国家科学研究委员会计算机科学与电信委员会（National Research Council-Computer Science and Telecommunications Board，NRC-CSTB）大会上，做了"第四范式：数据密集型科学发现"（The Fourth Paradigm: Data-Intensive Scientific Discovery）的演讲（Hey et al., 2009）。他指出，科学研究发展至今，已出现四种范式：描述自然现象的实验科学，使用模型或归纳法进行科学研究的理论科学，通过计算、模型等方法模拟复杂现象的计算科学，以及如今的数据密集型科学。如图 1-1 所示，传统的科学研究经历了以自然实验为主的第一范式实验科学，以理论的假设推理为主的第二范式理论科学，以计算和模拟为主的第三范式计算科学之后，进入了科学研究第四范式时代，即数据密集型科学。

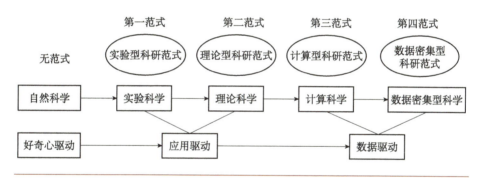

图1-1　科研范式演变过程（姜明智等，2018）

（1）第一范式：实验科学

人类最早的科学研究，主要以记录和描述自然现象为特征，又称为实验科学或者经验科学（第一范式）。这种方法自 17 世纪的科学家弗朗西斯·培根（Francis Bacon）阐明之后，一直被科学界沿用。实验科学是偏重于经验事实的描述和明确具体的实用性的科学，研究方法以归纳法为主，带有较多盲目性的观测和实验，从钻木取火时期的原始阶段，发展到后来以伽利略为代表的文艺复兴时期的科学发展初级阶段，开启了现代科学之门。实验科学作为最早出现的科研范式，大多是对自然现象进行重复实验而得到成果的。例如，爱迪生测试几千种材料而发明了钨丝灯泡，富兰克林收集雷电而发明了避雷针等都属于典型的实验科学。

（2）第二范式：理论科学

实验科学由于受到当时实验条件的限制，难以完成对自然现象更精确的理解，科学家开始尝试尽量简化实验模型，去掉一些复杂的干扰，只留下关键因素，然后通过演算进行归纳总结，即第二范式——理论科学。理论科学是在实验科学的基础上发展而来的，是对现象的理论总结和概括，强调普遍原理的发现而不是针对单个现象的研究实验。理论科学的主要研究模型是数学模型。典型范例包括：数学中的集合论、图论、数论和概率论；物理学中的相对论、弦理论、圈量子引力论；地理学中的大陆漂移学说、板块构造学说；气象学中的全球暖化理论；经济学中的微观经济学、宏观经济学、博弈论；计算机科学中的算法信息论、计算机理论。随着验证理论的难度和经济投入越来越高，科学研究开始显得力不从心。

（3）第三范式：计算科学

20 世纪中叶，冯·诺依曼提出了现代电子计算机架构，利用电子计算机对科学实验进行模拟仿真的模式得到迅速普及，人们可以对复杂现象进行模拟仿真，推演出越来越多复杂的现象，典型案例如模拟核试验、天气预报等。随着计算机仿真模式越来越多地取代实验，它逐渐成为科研的常规方法，即第三范式——计算科学。计算机的发明使得计算能力不断增强，科学从理论推理转向计算仿真，计算科学被认为是实验科学和理论科学的扩展，是通过计算机分析和模拟来解决科学问题的新范式。

（4）第四范式：数据密集型科学

在信息与网络技术迅速发展的推动下，大量从宏观到微观、从自然到社会的观察、感知、计算、仿真、模拟、传播等设施和活动，产生出大量科学数据，形成被称为"大数据"的新的科学基础设施。随着数据的指数级增长，计算机除了能进行模拟仿真之外，还能进行分析总结，得到理论。因此，从第三范式中分离出一个新的范式即数据密集型科学，该范式也成为一个独特的科研范式。也就是说，过去由牛顿、爱因斯坦等科学家从事的工作，未来完全可以由计算机来做。这种科学研究的方式，被称为第四范式（表 1-1）。

表 1-1　四种科研范式的比较（邓仲华等，2013）

范式	出现时间	概念	表现形式	案例
第一范式	18 世纪以前	偏重经验事实的描述，较少理论概括，以归纳为主，兼有盲目性的观测和实验，属于经验科学	基于经验的描述	托勒密天球
第二范式	19 世纪以前	偏重理论总结和理性概括，仅强调理论认识而非直接实用意义的科学，以演绎法为主，不局限于经验描述。属于理论科学	基于理性和逻辑的归纳演绎	相对论的提出和日后验证
第三范式	20 世纪中期以后	将计算机模拟、计算等作为主要研究方法，运用数据模型构建、定量分析方法等应对科学问题相关研究领域的挑战，利用计算来解决科学问题。属于计算科学	使用计算机模拟复杂现象	自然灾害的模拟
第四范式	21 世纪初	数据依靠工具获取或者模拟产生，利用计算机处理和存储数据，运用数据管理和统计工具分析数据，研究对象为大数据，科学研究基于海量数据。属于数据密集型科学	成果来源于大量数据	第一张黑洞照片的产出

　　第四范式与第三范式的区别在于：第三范式关注"科学问题是什么？""有什么科学假设？"。在第三范式下，科学研究的步骤通常是先提出可能的理论，再搜集数据，然后通过计算来验证。而基于大数据的第四范式，是先有了大量的已知数据，然后通过计算得出之前未知的理论，通过数据帮助人们发现并解决新问题。在大数据时代，人们对因果关系的渴求被注重事物间的关联所取代，也就是说，只要知道"是什么"，而不需要知道"为什么"。这一范式颠覆了千百年来人类的思维惯例，对人类的认知和与世界交流的方式提出了全新的挑战。简单来说，第三范式是"人脑＋电脑"的模式，其中人脑是主角，其发挥主导作用；而第四范式虽然也是由"电脑＋人脑"构成的，但电脑是主角，其发挥主导作用，重要性排在人脑之前。

　　第四范式的典型范例，几乎包括所有的大数据实践场景。尤其是在智能革命到来之后，大数据、机器学习、人工智能对于未来社会的影响是全方位的，会对整个社会带来巨大的冲击。

1.2 数据密集型科研范式的产生

随着信息技术的迅猛发展、新型科研基础设施的搭建、开放科学运动的迅速兴起，科学研究以数据为中心、以数据为驱动的特征越来越突出，为数据密集型科研范式的产生营造了良好的氛围。

1.2.1 数据密集型科研范式的产生背景

科研范式本身是一个不断解决新问题、不断发展的过程。随着信息技术的快速发展、科研生态环境的变化，新的问题不断产生，数据洪流、数据泛滥等现象给科学研究带来了巨大的挑战，原有的范式在解决数据泛滥情形下的科学研究问题时显得力不从心，数据密集型科研范式应运而生。科研基础设施是环境，信息技术是驱动力，开放共享是机制，三者彼此作用，推动数据采集、数据存储、数据分析、数据可视化等数据链的构建与完善，也助力实现科学研究过程中从数据，到信息，再到知识的升华，嵌入科学研究工作，支撑科技决策。

1. 科研基础设施搭建了数据密集型科研环境

一般认为，科研基础设施提供支持科学和学术研究的资源和服务，并且资源和服务因基础设施的不同而异（Ribes，2014）。欧盟认为，科研基础设施是科学界在各自领域开展高水平研究活动时所用到的研究设施、资源及相关服务，具体包括大型单体研究装置、集成装置、图书馆、数据库、生物档案、小型研究的综合阵列、高密度或高速度的通信网络、分布式高容量超级计算机、数据基础设施、卫星和飞行观测设施、沿海观测设施、望远镜、同步加速器、计算网络，以及为研究界提供集成化的技术或服务的基础设施能力中心（段小华和刘峰，2014）。

科研基础设施可以分为单址式、分布式和虚拟式三种模式。例如，欧洲核子研究中心（European Organization for Nuclear Research，CERN）是世界上最大的单址式粒子物理实验室；欧洲小鼠突变档案库（European Mouse Mutant Archive，EMMA）是分布式的，存储库分布在六个国家，通过一个单一的网络界面和分配线面向广大生物科学界。

科研基础设施的功能主要表现在三方面：一是协调功能，协助不同类型的研究人员跨学科研究、协调地理上分散的区域协同工作；二是存储功能，支持科学数据的管理、共享、重用等；三是服务功能，提供数据分析功能和各类资源。

数据密集型科学的出现，使得科学研究以数据为中心、以数据为驱动的特征越来越突出。在科学研究过程中，已不能仅仅局限于跟踪别人正在解决的问题或者解决尚未解决的问题，而是要寻求从数据中发现自己不知道的问题。科学研究过程中伴随着大量数据的产生，这些数据是宝贵的科技资源，被称为科学数据或研究数据，需要得到有效的管理与利用。同时，在发布成果时还必须重视支撑这些成果的数据的存储和再利用。在科学研究中，对于科学数据的利用其实是一个过程或一条相互关联的链，位于链条前端的支撑数据和过程演化数据的科学价值其实比结果数据的利用价值更高。因为这些数据一方面能帮助学者在做相似研究时更好地理解最终成果的形成；另一方面可以作为其他学者从事相关科学研究的基础支撑材料，在实现数据共享的同时，还可以起到学术监督的作用。

因此，在参与科学研究过程中，科研基础设施可以不断地积累数据与知识，在促进科学研究合作网络的形成和有效链接，优化不同学科之间的数据流动，推动科研基础设施开放与共享，减少资源与工作的重复性浪费，推进多学科融合发展等方面起到重要作用。

2011 年 1 月，欧盟第七框架计划（7th Framework Programme，FP7）资助的 GRDI2020 项目发布了《全球科学数据基础设施：重大数据挑战》报告，提出随着数据密集型科研范式的到来，为了探索和利用海量数据，必须开发新型信息化基础设施——科学数据基础设施。科学数据基础设施是管理数字化的、联网的科学数据的环境，包括支持以下功能的服务和工具，以使涉及数据密集型跨学科活动的研究人员从中受益（司莉和辛娟娟，2015）：支持科学数据的整个生命周期（采集、维护、分析、可视化、存储和发布）；支持数据的跨学科转移；通过链接不同学科的数据集，支持创建开放链接的数据空间；支持科学数据与文献的互操作。

美国国家科学基金会（National Science Foundation，NSF）在《通

过赛博基础设施促进科学和工程的革命》报告中提出了一项"先进计算网络基础结构"计划，认为赛博基础设施的最终目标是建成一个面向不同社团科研教育应用的知识环境：具有超级计算能力，能够海量存储经过整合的信息，丰富的软件及工具系统，包括可共享标准、中间件和基本应用软件，指数增长的数据可实现存储、整合、管理和长期存档；科研人员能够以 100 ～ 1000 倍的速度访问集成性资源；有利于科研领域、教育领域的科学研究工作以及与国际协同、共享。2011 年 3 月，美国国家科学基金会网络基础设施咨询委员会的数据和可视化工作小组发布一份研究报告，鼓励美国国家科学基金会创建一个可持续的数据基础设施：应拨出特定款项，以建立和维护研究数据集与服务，以及相关的软件和可视化工具基础设施；采取新的资助模式，对数据共享提出特别的期望，并支持研究人员满足资助者对数据管理和数据共享方面的需求，如将数据共享作为资助的条件之一（而不仅仅是要求提交数据管理计划），将数据产生、管理和共享的成本纳入项目提案；数据管理的责任应由项目负责人、研究中心、大学研究图书馆、特定学科图书馆和档案馆、国家科研机构、服务提供商共同承担；建议美国国家科学基金会初期考虑的重点可放在高能核磁共振、大容量光源数据等细分领域科学研究方面（姜禾，2011）。

2013 年 5 月，欧盟建立了一个新的科研在线知识库——Zenodo，以帮助不同规模科研机构的科研人员能更轻松地共享出版物和相关支撑数据，进而推动开放合作。Zenodo 具有以下特性：接受所有学科任意文件格式的研究产出；为所有上传的成果产出分配一个"数字对象标识符"；用户可创建自己的收藏空间；采取多种灵活的许可方式。未来，Zenodo 还将实现以下功能：对用户上传的成果进行标题、作者等元数据信息的自动抽取；允许通过谷歌（Google）、推特（Twitter）、欧洲开放获取基础设施研究项目（OpenAIRE）等其他服务进行统一的身份认证，减轻用户的负担。

2017 年 1 月，欧盟信息化基础设施咨询工作组（e-IRG）发布《e-IRG 路线图 2016》，旨在就如何进一步发展欧洲信息化基础设施系统定义一条明确的路线，并在 2020 年前使欧洲信息化基础设施公地（e-Infrastructure Commons）的愿景成为现实。该路线图简要介绍了 e-IRG 的愿景及其对信息化基础设施发展现状的评估，分析了当前信息化基础设施系统的布局，明确了阻碍信息化基础设施协调和整合的关键挑战，在此基础上提出了实现欧洲信息化基础设施公地的途径并提供了相关建议。其实，e-IRG 在 2009 年 12 月就发布了欧盟与科学数据管理相关的活动调研报告，建议元数据描述的基本原则和对存储在资源库中资源的质量要求，这些原则和要求被认为是所有研究基础设施的基准：①研究人员迫切需要服务提供商和资源库提供能够描述各种科研资源和服务的元数据；②各学科越来越需要共同商定具体的语义元素，使研究人员可以描述其服务和资源；③描述性元数据应当包括或涉及出处信息，以支持长期保存和进一步处理；④元数据描述应当是永久性的，可以通过永久标识符进行辨识，并需说明那些利用永久标识符来表征的资源和服务；⑤描述性元数据拥有巨大的潜力，可以描述不同类型的分组，并给它们一个标识符，使它们可以被引用；⑥应在良好定义的元素语义基础上建立描述性元数据，以表征人类和机器操作；⑦描述性元数据应当是开放的，并通过广泛接受的机制提供使用，以满足跨学科利用的要求；⑧应鼓励研究人员提供高质量的元数据描述；⑨应鼓励研究人员立即创建元数据，工具开发人员应能使这些描述可以自动添加到工具中；⑩所有资源和服务提供商必须创建和提供优质的元数据描述（姜禾，2011）。

2018 年，欧盟成员国加强开放科学基础设施建设，打造基于数字开放理念的科研创新体系。2018 年 11 月，欧盟推出欧洲开放科学云（European Open Science Cloud，EOSC），旨在整合现有的数字化基础设施和科研基础设施，为欧洲研究人员和全球科研合作者提供共享开放的科学云服务。科学云子项目包括欧洲信息化基础设施服务和资源标准化目录（eInfra Central）、集成服务（EOSC-hub）、支持 EOSC 的框架 / 政策 / 试点工作（EOSCpilot）、扩展永久标识符的基础设施（FREYA）、研究环境开放云、将开放科学嵌入研究人员的工作流程（OpenAIRE-Advance）、支持数据开放和互操作的插件（RDA Europe 4.0）。OpenAIRE-Advance 致力于使欧洲能够践行开放科学思想，重塑更趋向于开放化、透明化的学术交流体系，以期为欧洲开放科学云服务提供助力。2019 年初，欧洲科研基础设施战略论坛（The European Strategy Forum on Research Infrastructures，ESFRI）启动了 5 个集群项目，分别是面向环境研究的 ENVRI-FAIR、多领域科学分析的 PaNOSC、天文学与粒子物理的 ESCAPE、人文社会科学的 SSHOC、生命科学的 EOSC-

Life，以为 EOSC 的链接提供汇聚点。2019 年 5 月，英国知识解锁项目（Knowledge Unlatched，KU）宣布其与几个国际合作伙伴一起启动开放存取图书馆（Open Access Library）项目，其目标是在未来几个月内统一所有开放获取的图书内容，使所有人都可以免费使用平台上的科学图书出版物。英国联合信息系统委员会（Joint Information Systems Committee，JISC）搭建了一个支持管理、保存和共享机构数字化研究数据的互操作系统——Open Research Hub。

21 世纪以来，我国开始重视科研基础设施建设和科学数据的开发、共享工作，科研基础设施建设在国家信息化、创新体系建设与国家大数据战略中的地位不断上升。《中华人民共和国科学技术进步法》第一百零二条规定，科学技术资源的管理单位应当向社会公布所管理的科学技术资源的共享使用制度和使用情况，并根据使用制度安排使用。自 2002 年起，科学技术部会同 16 个部门启动国家科技基础条件平台建设试点工作。2004 年发布的《2004—2010 年国家科技基础条件平台建设纲要》提出了国家科技基础条件平台建设的目标：到 2010 年，初步建成适应科技创新需求和科技发展需要的科技基础条件支撑体系，以共享机制为核心的管理制度，与平台建设和发展相适应的专业化人才队伍和研究服务机构，为最终形成布局合理、功能完善、体系健全、共享高效的国家科技基础条件平台奠定基础。2015 年发布的《促进大数据发展行动纲要》中提出建设万众创新大数据工程，把发展科学大数据、构建科学大数据国家重大基础设施、建立国家知识服务平台与知识资源服务中心等列入其中。2016 年发布的《国家信息化发展战略纲要》中纳入了"加快科研信息化"的意见，提出了"加快科研手段数字化进程，构建网络协同的科研模式，推动科研资源共享与跨地区合作，促进科技创新方式转变"的要求。2017 年科学技术部、国家发展和改革委员会、财政部印发《国家重大科研基础设施和大型科研仪器开放共享管理办法》，明确了开放共享工作中管理部门和单位的责任，理顺了开放运行的管理机制，推动了国家重大科研基础设施和大型科研仪器的开放共享。

中国科学院仪器设备共享管理平台是中国科学院针对科研仪器设备管理封闭、共享困难、运行效率低、重复购置、缺少专业技术人员维护等一系列困扰我国科学技术健康发展的问题，探索出的一套科研设施设备建设模式（史广军和焦文彬，2019）。中国科学院于 2009 年出台的《中国科学院技术支撑系统建设实施方案》和《中国科学院所级公共技术服务中心建设实施细则》，为建立大型仪器区域中心和所级公共技术服务中心为组织模式的中国科学院技术支撑体系奠定了制度基础和实施办法。所级公共技术服务中心整合研究所各课题组以及国家重点实验室、国家工程中心、大型仪器中心在内各类研究单元的科研装备资源，成为研究所统一管理的公共技术支撑系统。大型仪器区域中心是在所级公共技术服务中心的基础上，由中国科学院根据地理区域特点和学科共性，统一规划、统一建设，完全以科研装备开放共享为唯一目标的技术服务同盟。大型仪器区域中心将学科相近的所级公共技术服务中心组织起来，"打破所墙"，形成了优势互补的技术特色，为周边院内外研究单位和高新技术企业的技术服务需求提供了更加完备的成体系技术支撑。

2. 信息技术的迅猛发展是数据密集型科研范式出现的直接驱动力

大数据时代背景下，现有的数据管理工具已难以满足各行各业对数据处理的需求。数据呈现出 "4V+1C" 的特征，即数据量大（volume）、数据类型繁多（variety）、价值密度低（value）、处理速度快（velocity）、复杂性高（complexity）（《中国电子科学研究院学报》编辑部，2013）。国际数据中心（International Data Corporation，IDC）的研究结果表明，2008 年全球产生的数据为 0.49ZB，2009 年的数据量为 0.8ZB，2010 年增长为 1.2ZB，2011 年的数据量更是高达 1.8ZB，相当于全球每人产生 200GB 以上的数据。这些数据中包含了大量与科学研究相关的数据，如剧增的出版在线论文数量、论文关联的原始数据、大科学装置实时产生的观测数据。这些大规模的数据已经被再次应用到科学研究中，科学家也开始离开试验台，坐到计算机前开始科学研究。当然，对于科学家来说，大批量科学数据的获取、处理、分析、存储也是令人 "头疼" 的工作。

大数据带来的挑战，不仅包括数据量的挑战，还包括数据结构、数据融合和数据处理效率方面的挑战，这对数据开放、科学算法、计算能力、计算效率提出了更高要求。从时间维度出发，流式处理、实时计算、内存计算等技术的涌现，体现了数据处理高度实时化的趋势，将大数据的处理进一步推向实时。

目前，信息技术已经逐步融入科研工作流程中，成为科学研究过程中的关键技术解决方案，以及数据密集型科研范式出现的直接驱动力。

（1）虚拟技术，创造虚拟的科研环境

虚拟技术和虚拟现实的出现，让科研人员意识到在虚拟环境中可以获取数据、科研合作、科研创新，出现多种形式的虚拟学术方式和虚拟科研方式。

虚拟学术社区不仅满足了网络环境下科研人员学术交流的需求，而且补充了传统学术交流模式，逐渐成为科研人员分享信息和知识交流的重要平台，使传统的学术交流模式得到进一步发展。与传统的科研合作相比，学术社区科研人员合作具有开放性和便利性、不受时空限制等特点。学术社区需要财力资源、人力资源和知识资源的协同支持，通过多主体进行互动交流和知识重组。例如，ResearchGate（RG）是国内外影响力最大的科研社交网络之一，实现了全学科的覆盖范围，以推动全球范围内的科学合作为宗旨，具有分享学术成果、学术著作、原始数据、学术成果管理、招聘求职和在线交流等功能，提高了科研人员的信息行为效率（王俭等，2019）。加拿大虚拟研究社区（Virtual Research Communities，VRC）受加拿大国家研究理事会（National Research Council of Canada，NRC）和加拿大高级研究和创新网络公司（Canada's Advanced Research and Innovation Network Inc., CANARIE）的支撑和资助，资助网络、高性能计算、安全和隐私等相关研究中关于人为因素的研究。加拿大健康研究院（Canadian Institutes of Health Research，CIHR）和加拿大工业部（Industry Canada，IC）通过"先进的研究"——网络协作技术资源（Network-Enabled Collaboration Technology Access Resource，NECTAR）资助有效协作技术网络的建成，使远距离虚拟合作与面对面合作具有一样的生产力和效率。

目前，网络上出现了大量的虚拟实验室，如基于网格技术、学习核糖核酸（ribonucleic acid，RNA）二级结构的虚拟实验室，参与科研工作的美国国家航空航天局虚拟电子显微镜实验室，探讨视觉查找理论的虚拟心理学实验室（黄金霞等，2009）。虚拟实验室可以看作是虚拟研究环境（virtual research environment，VRE）的雏形。在虚拟实验室中，科研人员或学习者通过网络异地使用虚拟科研实验场景，同时实现虚拟实验室内合作研究人员间的实时协作（音视频交流）。英国联合信息系统委员会（Joint Information Systems Committee，JISC）指出，虚拟科研环境可以帮助各领域的研究人员设法完成在研究过程中遇到的海量的、复杂的任务，包括一系列相互作用的在线工具、其他网络资源及技术，以及用于促进或改进组织内和跨组织研究者的研究流程。虚拟科研环境可以看作是 e-Science[①]的具体实施，是以支持科研协作为目标的、以网络（特别是互联网）为基础的新型软件系统，亦称为网络虚拟科研环境（于建军等，2011）。网络虚拟科研环境与传统协同及计算机支持的协同工作（computer supported cooperative work，CSCW）概念密不可分，中国科学院计算机网络信息中心自主研发的科研在线（Research Online），就是基于云服务模式的网络虚拟科研环境。它集成了中国科学院分布式信息化基础设施，融合各学科科研数据，利用协同工作环境套件，为科研人员透明地提供网络虚拟科研服务，如协同编辑、文档存储、科研管理、科学数据处理、高性能计算和数据可视化等。通过近百个网络虚拟科研环境的部署实施，科研在线的云服务模式得到验证，改变了传统网络虚拟科研环境服务器端单机运行的体系架构，为网络虚拟科研环境的服务模式带来变革式发展。

（2）无线遥感技术，搭建数据密集型环境

无线传感器网络（wireless sensor network，WSN）是将大量的传感器节点部署在需要监测的区域内，节点之间相互通信，形成网络系统。随着无线通信、传感器、微电子等领域的技术日趋成熟，无线传感器网络可以在任何需要的时间、地点、环境条件下获取信息（钱志鸿和王义君，2013），现已在医疗、生物、国防等诸多领域得到了广泛的运用。为了管理森林、天然林、人工林和城市植被的树种组成的空间明确信息，科研人员经常需要大空间范围的信息。在过去的 40 多年中，遥感技术的进步使得利用几类传感器对树种进行分类成为可能，相关学者提出了有前景的局部尺度方法，大多数研究遵循数据驱动的方法并追求分类精度的最优化。例如，养分监测对于食品 - 能源 - 水关系

---

① 2000 年，e-Science 的概念在英国被首次提出，其是利用新一代网络技术和广域分布式高性能计算环境建立的一种全新科学研究模式。

的研究非常重要，用于养分监测的传感器网络需要动态传感，即传感器的位置需要随时间变化。动态传感需要被广泛应用于无线传感器中，目前解决这一问题的方法通常是使用密集型数据。在农业领域，传感器实际上提供了一个无线传感器网络的技术解决方案，能够实时采集与农业有关的不同参数的数据，自动化实现湿度、环境、土温、气压、辐照水平等信息的收集，用以确定最佳农作参数和方法：传感器节点一旦接收到信息，就会将数据保存在远程数据库中，并能够通过图形用户界面可视化，呈现给决策者、政府人员等用户。在无线传感器网络中，传感器节点电池能量、处理能力、存储容量、通信带宽等几个方面的资源有限。数据融合技术是指融合来自不同数据源的信息，去除冗余信息，减少传输数据量，是解决资源限制的有效方法，可达到节省能量、延长网络生命周期、提高数据收集效率和准确度的目的。数据融合算法研究涉及能量效率、延时、数据精度、网络拓扑结构、路由、数据压缩、分布式数据处理和安全技术等方面，因此设计高效的数据融合算法是一项有挑战性的工作（陈正宇等，2011）。

（3）数据分析与挖掘技术渗透到各领域

数据挖掘并非近几年出现的新兴学科。计算机的大量使用和大数据集的产生助推了数据挖掘技术的发展，20 世纪 90 年代出现了一系列关联规则挖掘、分类、预测与聚类等在数据挖掘领域发展较为成熟的技术，被用于时间序列数据挖掘和空间数据挖掘。近年来，数据挖掘研究已渗透到时空数据、智能交通、生物信息、医疗卫生、金融证券、多媒体数据挖掘、文本数据挖掘、Web数据、社交网络、图数据、轨迹数据、大数据等各个领域。从技术层面上来看，数据挖掘就是从大量的、不完全的、有噪声的、模糊的、随机的实际应用数据中，提取隐含在其中的、人们事先不知道的，但又是潜在有用的信息和知识的过程。该定义表明数据挖掘至少具有以下四个特点：①数据源必须是真实的、大量的、含噪声的；②发现的是用户感兴趣的知识；③发现的知识要可接受、可理解、可运用；④并不要求发现放之四海而皆准的知识，仅支持特定的发现问题。[①] 数据挖掘是一门交叉性学科，涉及人工智能、机器学习、模式识

---

① 数据挖掘. https://wiki.mbalib.com/wiki/ 数据挖掘 [2023–10–20].

别、归纳推理、统计学、离散数学、信息处理系统、数据库、高性能计算、数据可视化等多种技术。

科学研究存在许多不确定因素，复杂而难以预测，如营养物质随径流运动、大气污染等问题，这些问题的解决需要大量真实数据和新型算法做支撑。数据挖掘算法包含四种类型，即分类、预测、聚类、关联。前两种为有监督学习，属于预测性的模式识别与发现；后两种为无监督学习，属于描述性的模式识别和发现。根据不同模型类别划分，常用的数据挖掘模型与算法可分为描述性模型和预测性模型，其中描述性模型用于回答数据集是什么、有什么性质，预测性模型是对数据现有性质进行归纳，从而预测未来趋势（王若佳等，2018）。数据挖掘的过程可以描述为：明确待挖掘的问题、准备待挖掘的数据、对数据进行挖掘和评估挖掘的结果（杨凌雯，2016）。

（4）高性能计算成为科技创新的核心竞争力

2019 华为全联接大会上，华为提出未来 10 年将是计算产业的大蓝海，计算和联接是未来智能时代的核心，在计算无处不在的未来，算力将会成为关键瓶颈，而现在从行业来看算力已经成为高度稀缺资源。

无处不在的计算将是智能时代的新形态，高性能计算也是科技创新的核心竞争力。基于传统冯·诺依曼现代电子计算机架构的中央处理器（central processing unit，CPU）、图形处理单元（graphics processing unit，GPU）等处理器，已很难满足数据量爆炸式增长的需求。2016 年至今，各大人工智能（artificial intelligence，AI）机构纷纷推出基于人工智能的深度学习专用芯片：从北京深鉴科技有限公司的 DPU、麻省理工学院的 Eyeriss、上海寒武纪信息科技有限公司的寒武纪 1A 处理器（Cambricon-1A）、谷歌的张量处理单元（tensor processing unit，TPU）、百度的 XPU、北京地平线机器人技术研发有限公司的大脑处理装置（brain processing unit，BPU）、亚马逊的 AWS Inferentia，到 2019 年 3 月 Facebook 发布的 AI 推理定制芯片，再到阿里云的公共云神龙异构超算集群 SCC-GN6 和 Ali-NPU。可以看到，全球人工智能产业界纷纷投身研发基于人工智能算法的芯片、系统和软硬件平台，为未来人工智能的发展和突破奠定了坚实的计算基础。高性能计算的不断成熟成为数据密集型科研范式出现的关键驱动力。

（5）人工智能技术，助推智慧科研的发展

人工智能是一门关于知识的学科。在人工智能时代，知识可由人工智能辅助产生，在此基础上的知识服务必须紧跟其强相关性的思维模式，加强知识之间的联系，不仅从用户需要角度挖掘知识，还要主动在相关性中发现知识，预测用户的未来需求，是"经验＋数据"的服务模式。科研人员也已经意识到人工智能的发展对其科研工作的影响，如已经改变了他们获取信息的方式，可以直接询问一些知识问答系统（如 Google、Alexa、Cortana、Watson 甚至 Siri）就可以获得答案。在未来，人工智能将影响信息的链接方式，并以更令人兴奋的方式被发现。可能将文本和数据挖掘工具带到内部数据集中，帮助项目团队从现有数据中找到新的见解。由于人工智能技术在应用中的稳健性，其得到了持续的发展，迅速被应用于不同领域尤其是农业领域和医学领域。

精准农业在当今农业科学研究中已变得非常重要，其也被称为数字农业，这意味着使用高技术的计算机系统来计算不同的参数，如杂草检测、产量预测、作物质量等。基于决策支持和自动化系统，有助于种植者通过所有的应用程序来监测和科学管控农场情况。在人工智能技术在机械工程中的应用方面，主要是在机械设备内部安装了相应的智能化系统，该系统可以在设备运行中进行数据的收集与处理、存储与传输等。因此，智能化系统能有效实现机械设备运行数据等的利用，其数据分析与处理可以为后台管理人员提供重要的基础，有效提升了机械设备运行的效率与质量。在施肥自动化方面，人工智能技术可以充分实现灌溉与施肥的良好结合，从而提升农作物产量。这种控制手段能够充分发挥农业水肥资源的优势，降低农业生产成本。在自动采摘技术的应用方面，有关人员通过对设备采摘路径的设置来完成自动采摘的目标。在此过程中，路径的设置需要输入有关的指标与数据，使得采摘指令可以在智能化系统中进行传输。机械设备上配备有相应的传感器，当其获得采摘指令以后，就会立即按照指令的路径要求实施采摘任务，这种智能化采摘的方式大大提高了采摘的效率。在医学领域，尽管机器学习技术近年来出现了爆炸式增长，有望将医学实践转向数据密集型和基于证据的决策，但由于临床测量和疾病诊断之间缺乏整合，其应用一直受到阻碍。可编程生物纳米芯片

（p-BNC）系统是一个具有学习能力的生物传感器平台，也是一个数字化生物学平台。在该平台，少量的患者样本在琼脂糖珠传感器上就能产生免疫荧光信号，通过光学原理提取并转换成抗原浓度。该平台设计了一种便携式分析仪，集成了流体输送、光学检测、图像分析和用户界面，代表了一个用于获取、处理和管理临床数据的通用系统，同时克服了临床应用中面临的许多挑战。

（6）语义网技术，在知识环境中增加科研合作机会

在数据快速增长变化的场景下，科研人员也需要将权威的信息从它独有的环境中引入到一个关联的、较大范围的科研情境中，以便充分利用跨机构信息，如生物医药科研技术创新的一个显著目标，就是实现数据或信息资源的共享，加强跨学科的科研人员间协作（黄金霞和景丽，2011）。VIVO 是美国康奈尔大学为了支撑农业和生命科学学院的科研而发展起来的，在 2007 年利用资源描述框架（resource description framework，RDF）、万维网本体语言（Web ontology language，OWL）、Jena 和 SPARQL 改造后，重新被定义为科研网络的语义探索，是为了寻求一种解决方法，来促进移动的科研人员进行科研网络化和协作，建设一个开放的科学家国家网络：由当地本体驱动的数据库能让科学家及他们的活动信息被共享，既能够获取其他可访问网络资源和工具，又能够被这些可访问网络资源和工具所用，本体技术、关联数据技术和可视化技术，被用来作为 VIVO 实现的关键技术（黄金霞和景丽，2011）。2008 年 5 月启动的 Harvard Catalyst 是一个强大的搜索引擎，其整合哈佛大学和其他参加机构的各种资源、技术和最佳临床实践，以实现成员单位共享工具和技术。Harvard Catalyst 的特色是强大的数据挖掘能力、信息揭示能力和丰富的可视化技术应用。

（7）机器学习为数据密集型科研创造新的机会

机器学习在农业生产系统中的应用主要包括作物管理、家畜管理、水资源管理和土壤管理。通过将机器学习应用于传感器数据，农场管理系统正在演变为实时人工智能支持的程序，为农民决策和行动提供丰富的建议和见解。对作

物根系结构的改进，有望提高水分和养分的利用效率，但对根系形态（即其结构和功能）的分析是一个主要瓶颈。成像和传感器技术的进步，使得根表型研究成为可能，先进的自动图像分析方法（如深度学习）有望改变根表型景观。这些创新正在帮助推动下一代作物的选择，为维护全球粮食安全带来积极的影响。

（8）云计算已成为科研活动中颠覆性的运算模式

近些年，云计算广泛应用于各行各业，并且预计未来会有更巨大的市场前景，在全世界得到快速使用和推广。云计算得到了政府、企业、高校和科研机构的重视，其逐步加强云计算研发和创新，培养相关人才和团队，建设国家级、省部级的云计算项目。因此，云计算本身是一种研究领域，同时也是一种科研服务模式。例如，云环境下的科学研究第四范式服务框架如图1-2所示，可以提供计算资源、存储资源和虚拟化服务等。

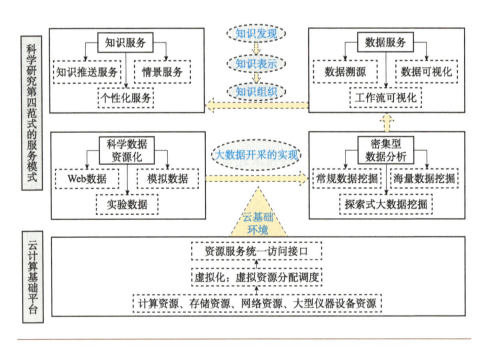

图1-2　云环境下的科学研究第四范式服务框架（邓仲华等，2013）

美国国家标准与技术研究院（National Institute of Standards and Technology，NIST）认为，云计算是一种模式，它支持通过网络对可配置计算资源池进行随时随地、便捷、按需访问，这些计算资源包括网络、服务器、存储、应用和服务（Mell and Grance，2011）。在多个领域的科研中，云计算一般与其他技术如人工智能、大数据技术、可视化技术、物联网等，一起通过资源共享提供给计算机和其他设备，从而最大限度地整合数据资源和处理器资源，提高数据处理和交互能力，成为科学研究活动中极具颠覆性的运算模式。

3. 全球"开放科学"运动成为数据共享需求的重要机制

（1）科研数据共享成为当务之急

数据驱动研究范式广泛建立，科学数据重要性凸显。科研人员的工作重点转变为通过分析与挖掘科学数据进而发现科学规律。在大数据环境下，单一数据源或单一的数据类型已难以满足用户需求。

临床研究数据的开放共享对促进人类健康、体现临床研究者贡献度都具有重要作用。如今，数据共享不再只是一种选择，而是已成为当务之急。随着科技的进步和社会的发展，数据共享的需求不断增长：进行临床试验的研究人员正在发布其数据共享计划，并且越来越多的学术机构和行业成员正在逐步发挥其在共享试验数据中的领导作用。Vivli（https://vivli.org）源自布里格姆与妇科医院（Brigham and Women's Hospital）和哈佛多区域临床试验（Multi-Regional Clinical Trials，MRCT）中心的一个项目，旨在通过促进数据共享和提高数据透明度来增强对临床试验数据的访问。2013 年，MRCT 中心和多元化的全球利益攸关方共同承担了为全球临床试验数据共享定义，设计和推出解决方案的使命。如图 1-3 所示，Vivli 是一个独立的全球数据共享和分析平台，为国际研究界的所有部门提供服务。平台实施激励措施，鼓励研究人员提交其数据以供共享和重复使用，支持共享更多不同的数据集，促进更多研究群体认识和应用 Vivli 平台。

图1-3　Vivli平台首页

　　由国际地球观测组织建立的全球综合地球观测系统（Global Earth Observation Systems of Systems，GEOSS，http://www.geoportal.org/），旨在基于开放标准集成全球对地观测数据（提供气候、海洋、地质灾害、生态系统、植被、生物多样性等不同门类的数据接口，超过4亿条数据和信息资源），通过共享开放的端口向科研单位、政府部门和公众提供数据共享服务，以满足跨学科的科学研究、决策支持和全球可持续发展的需要（董少春等，2019）。

　　研究数据联盟（Research Data Alliance，RDA，https://www.rd-alliance.org/）成立于2013年，是一个团体驱动的国际化组织。研究数据联盟的核心运转机制是为用户提供一个框架，通过兴趣组、工作组和论坛等不同形式的运作，提供数据的共享服务，推动数据的有效流通及全球数据的标准化工作（王卷乐等，2014；王艳翠等，2015）。

　　全球变化主目录（Global Change Master Directory，GCMD）是美国国家航天局/戈达德空间飞行中心国家空间科学数据中心（NASA Space Science Data Coordinated Archive，NSSDCA）的一部分，旨在为研究人员、决策者、公众发现和获取与全球变化和地球科学研究有关的数据、相关服务和辅助信息提供目录服务，以促进科学数据集的交流。

　　科研实验数据出版逐渐成为主流，成为科研数据的一种分享方式。出版资源范围不局限于数据库全文文献、机构仓储资料，还包括网络上的科研信息。施普林格（Springer）、泰勒 - 弗朗西斯（Taylor & Francis）、威立（Wiley）通过与第三方研究数据平台 Figshare 合作提供数据出版服务。

我国在 2018 年 3 月 17 日首次在国家层面出台《科学数据管理办法》，从职责，采集、汇交与保存，共享与利用，保密与安全等方面对科学数据的管理与共享进行规范。在研究数据的开放和共享平台建设与服务方面做了许多积极的探索。"国家科学数据共享工程"已在多个领域构建了 50 余个科学数据中心（徐坤和曹锦丹，2014；朱玲等，2016）。中国科学院的科学数据云（黎建辉等，2015），建成具有 PB 级数据管理能力的大数据管理平台、数据分析软件云服务平台。武汉大学图书馆于 2011 年基于数字空间（DSpace）尝试建立科学数据管理平台（刘霞和饶艳，2013），复旦大学的社会科学数据共享与服务（张计龙等，2015），北京大学图书馆联合国家自然科学基金 - 北京大学管理科学数据中心、北京大学科学研究部、北京大学社会科学部，共同创建并推出北京大学开放研究数据平台（朱玲等，2016）。我国也积极开展科学数据出版的实践探索，目前建有三个数据出版期刊：（《中国科学数据（中英文网络版）》（China Scientific Data）、《全球变化数据学报》、《地质科学数据》。与国外研究数据管理服务水平相比，国内还存在着显著的差距。

（2）开放获取成为主流科研趋势

开放获取（open access，OA）促进了学术交流过程中采集、加工、出版等环节逻辑重组，使得传统学术交流系统中各参与方的活动、角色和职责在学术交流中被重新定位（李金林等，2013），对学术交流系统产生了广泛而深远的影响。

在开放获取背景下，科研成果的产生、传播、管理、消费和保存方式发生了根本性的变化。参与传统学术交流系统的科研人员（作者）、科研教育机构、科研资助机构、出版社、学术团体、图书馆、信息集成商和用户等的活动、角色和职责都发生了变化，开放获取使其活动的性质和范围都发生了前所未有的变化，并使原本存在于传统角色之间的界限逐渐模糊和不确定。

科研数据和信息环境发生了根本变化。随着开放获取的发展，各种各样的信息越来越容易获得，科研人员越来越习惯于在复杂的、开放的数据和信息环境中工作，并相应地改变了工作流程。高能物理向出版资助联盟（Sponsoring Consortium for Open Access Publishing in Particle Physics，SCOAP3）的 43 个国家的 3000 多个机构开放。科研人员可以开放获取的与该联盟合作的高能物理期刊数量已达到该研究领域期刊总数的 90%，2018 年 4 月可以开放获取的出版论文数量达到 20 000 篇[①]。2016 年 3 月 21 日开始，德国马克斯·普朗克科学促进协会等机构发起的"开放获取 2020"（Open Access 2020，OA2020）国际行动计划，邀请全球高校、研究机构、资助者、图书馆和出版商共同努力，将大部分传统订阅期刊转型为开放获取模式（蒋冬英，2018）。更多的机构、组织建立了机构知识库、学科仓储，使得开放获取资源数量剧增。

开放获取还催生了开放学术交流模式（邹儒楠和于建荣，2010）。信息技术服务商、阅读设备提供商、内容集成商、内容分发平台等利用网络技术优势"跨界"参与到学术交流系统中。预印本是一种用于在科研团体间进行学术交流的方式，论文手稿在开放交流之前未经同行评审。当前普遍观点认为，预印本在推进学术交流模式变革中发挥着以下重要作用：快速发布研究信息、促进开放共享科研文化更加深入人心、刺激传统期刊出版模式转变和评审模式创新。自 1991 年 arXiv 平台出现以来，预印本这种开放交流形式已得到全球科学界的广泛认可，涉及数学、计算机科学、定量生物学、定量金融学、统计学、电气工程和系统科学、经济学等学科领域。美国《科学》（Science）杂志将以 bioRxiv 为标志的"生物学预印本交流兴起"评为 2017 年度十大科学突破，认为这是学术交流中的重大文化变革。预印本在发展过程中出现了一些问题，而质量控制是预印本发展面临的最主要问题。

信息资源的再利用能力提升。除了丰富学术交流模式、扩展获取资源规模、提升公众对资源的获取能力之外，部分开放获取资源以 XML/HTML 格式开放，通常包含出版方在出版过程中标注的语义标记，极大地提高了对信息资源再利用的便捷性。通过对信息内容的挖掘、关联、重新组织和发布，创建结构化的

---

① SCOAP³ celebrates the publication of its 20,000th Open Access article. https://scoap3. org/20000_scoap3_articles/[2022-05-09].

知识数据并进行创新性的知识融合，能够有效支持新知识的产生与发现，直接推动科研方式和学术交流方式的变革。2018 年 12 月，美国众议院批准了《开放政府数据法案》(Open Government Data Act)，要求联邦机构必须以"机器可读"和开放的格式发布任何"非敏感"的政府数据并使用开放许可协议，并要求各机构任命一名首席数据官来监督所有开放数据的工作。2019 年 1 月，特朗普签署了该法案。

国家管理机构、资助者、科研机构等科研相关利益者助推了开放获取政策的制定。根据 SHERPA Juliet 统计的数据，截至 2021 年，26 个国家资助者发布 151 条开放获取政策，其中中国政策为 2 条。根据 RoMEO 的统计，截至 2019 年 9 月，2561 家出版机构中有 81% 可允许某种形式（绿色、蓝色、黄色、白色）的自存档，其中采用绿色方式（可存档预印本和出版版本）进行存档的出版机构有 1062 家，占比为 41%。开放获取知识库强制性存储政策登记系统（Registry of Open Access Repositories Mandatory Archiving Policies，ROARMAP）登记有开放获取政策的机构，已由 2012 年 8 月的 428 个增长至 2021 年 5 月的 3927 个。

（3）开放科学改变了过去 50 年科学研究方式

预印本、开放同行评议、开放数据以及借助互联网由科学社会化推动的创新等，促进了科学交流的多样化，为开放科学时代的诞生提供了温床。2013 年，欧洲委员会副主席尼利·克洛斯（Neelie Kroes）指出，我们正在步入开放科学时代。欧盟委员会（European Commission，EC）定义开放科学为一种通过数字工具、网络、媒体实施和传播科研并转变科学研究的方式，通过为科学合作、实验、分析提供新的工具以及让科学知识更易获取，促进科学过程更加高效、透明和有效，依赖于技术发展和文化变革对科研合作和科研开放的共同影响（陈秀娟和张志强，2018）。这种理念系统被认为改变了过去 50 年科学研究方式———从在学术出版物上发表科研成果转向在科研过程的早期就共享和使用所有可用的知识。2015 年 10 月，经济合作与发展组织（Organization for Economic Cooperation and Development，OECD）发布的《让开放科学成为现实》（Making Open Science a Reality），自此开放科学进入各国政策领域（何冬玲和章顺应，2021）。

开放科学涉及开放研究生命周期的一系列问题，主要包括：①开放获取；②开放数据；③免费和开放源码软件；④可复制的研究；⑤开放同行评审；⑥开放科学政策；⑦开放资助；⑧开放科学评估；⑨开放科学工具；⑩开放教育（盛小平和杨智勇，2019）。这些内容，紧密围绕着科研工作流中的科学想法构思、实验与方法设计、数据收集、发表论文、学术交流、教育和培训、参与公众科学等。开放科学创建的，更是一个开放的科学体制或机制。

在全球科技合作日益广泛、各国科技创新组织相互渗透的现在，开放科学越来越上升为一项国家战略，直接影响着科研工作方式。欧盟开放科学政策执行力度很大。2013年12月，欧盟启动"地平线2020"（Horizon 2020）计划。为了使"地平线2020"计划所产生的科研数据能够被发现、访问、互操作、重复使用和有效管理，促进科研人员的知识发现和科研创新以及后续的知识集成和重新利用，欧盟委员会在"地平线2020"计划中宣布，从2017年开始全面实施科研数据开放制度，以此进一步推动欧盟"开放科学"战略（张玉娥和王永珍，2017）。欧盟通过《2020计划框架下的FAIR数据管理指南》（Guidelines on FAIR data management in Horizon 2020，简称《FAIR指南》）与《2020计划框架下的科学出版物与科研数据开放获取管理指南》（Guidelines on Open Access to Scientific Publications and Research Data in Horizon 2020，简称《OA指南》）等规范，对欧盟科研数据管理及开放获取勾勒出了框架与详细的指导意见（张玉娥和王永珍，2017）。2018年3月，荷兰大学协会（Association of Universities in the Netherlands，VSNU）在其第三期的开放获取电子杂志上发布《2018—2020开放获取路线图》，以达成"2020年实现出版物100%开放获取"的目标。2018年7月，塞尔维亚通过了一项名为"开放科学平台"的国家科学政策，要求所有受塞尔维亚教育、科学和技术发展部（Ministry of Education, Science and Technological Development，MESTD）资助的研究产生的出版物（包括期刊文章、专著、书籍章节、会议论文、博士论文等），都强制开放获取；2019年7月，据EIFL报道，塞尔维亚政府通过了一项新的科研法律，即承认开放科学作为科学研究的基本原则，塞尔维亚成为巴尔干地区第一个在国家法律中承认开放科学的国家[①]。美国开放科学中心（Center for Open Science，COS）搭建了开放科学框架（Open Science Framework，OSF），以整个科研生命周期为基础，面向参与科学研究的不同主体提供针对性服务。2018 年 12 月，加拿大发布"加拿大 2018—2020 开放政府国家行动计划"（Canada's 2018-2020 National Action Plan on Open Government），承诺支持开放科学，即加拿大政府将使联邦科学、科学数据及科学家更加开放。

开放数据是开放科学的核心内容之一，很多开放科学政策中明确提到开放数据，政府、商业、科研等不同领域的开放数据越来越多，开放数据标准和再利用得到更多关注。英国皇家学会（The Royal Society）将开放科学定义为遵循 FAIR[②] 原则的开放数据、科学出版物的开放存取以及对其内容的有效交流。2019 年 5 月，达能（Danone）宣布开放其 1800 种酸奶菌株资源用于科学研究，以造福全人类。2019 年 8 月，谷歌母公司 Alphabet 旗下自动驾驶汽车公司 Waymo 开放了用于自动驾驶的高质量多模态传感器数据集"Waymo Open Dataset"，以供研究使用。提高科学研究工作的质量和透明性科研文档——预注册式研究设计（pre-registration）也应运而生，帮助研究者在开展数据收集之前提前注册其研究设计，并生成有时间信息的标记且一经提交即不可更改，包括预注册式研究设计和注册式研究报告。截至 2019 年 5 月，已有 32 家期刊发表了 168 篇注册式研究报告。

（4）公众科学成为被认同的科研辅助方式

数据密集型科研范式的特点之一就是科研人员无须直接面对研究对象，而是从海量数据中挖掘和分析所需的信息和知识并得出结论，这一点恰好为普通公众打入科学复杂系统内部提供了一把"钥匙"。除此之外，移动互联网的到来使得科学和技术的受众面不断扩大，公众有必要也完全有可能成为科学技术的参与者（李捷等，2018）。有学者认为，公众参与的科学辅助方式有利于

---

① OPEN SCIENCE INCLUDED IN NEW SERBIAN LAW?. https://www.eifl.net/news/open-science-included-new-serbian-law[2022-06-07].

② FAIR 意为可发现（findable）、可访问（accessible）、可互操作（interoperable）和可重用（reusable）。

科研发展和科学传播（Mendez et al.,2010）。

公众参与到科研中，或者说公众科学（citizen science）被定义为：使无须特殊资质的普通人参与到科学工作，以协助科学研究[①]。当下，公众科学已成为一种被科学共同体和政府机构所认同的科研辅助方式。在迅猛发展的同时，公众科学也面临着一些问题，其中最为基本的问题是关于公众科学的科学——公众科学学的缺失，这使得公众科学的发展缺乏适宜的理论、方法论引导，各公众科学项目、各平台，以及各领域之间的合作交流也存在缺乏组织和技术支持等问题（Law et al.,2017）。而在实践中，公众科学的真正效果如何，以及在多大程度上受到科研人员的认同，也是一个需要量化研究的问题。Burgess等（2017）就相关问题，对 423 名生物多样性研究者和 125 名公众科学项目管理者进行了调查。从调查结果中可以看出，研究者和管理者总体上对公众科学项目比较认同，不过管理者一方表现得比研究者更为乐观。另外，这些研究者认为公众科学在科学传播、教育方面可以发挥更大的作用，而在科研方面，公众科学获得的数据质量有待商榷，而且也并非所有类型的研究都适合公众科学。

公众科学中出现的众包（crowdsourcing），被理解为一大批非专业人士的外包任务或数据收集，在科学研究和运营应用中得到越来越多的应用。与农业部门有密切联系的，包括推广服务和农业咨询公司，其可以利用众包的潜力进行农业研究和农业应用。分析农业众包项目中潜在贡献者的概况，将"农场外包"作为一种专业的农业众包策略，增加农民参与的方法，并根据他们的目标，一起讨论正在进行的项目。虽然众包被报道为一种收集与环境监测相关的观察研究数据和对科学做出贡献的有效方式，但农业领域的众包应用可能会受到隐私问题和其他障碍的影响。

1.2.2　数据密集型科研范式的提出

吉姆·格雷于 2007 年在加利福尼亚州山景城召开的 NRC-CSTB 大会上

---

① citizen science. https://dictionary.cambridge.org/dictionary/english/citizen-science[2021-11-23].

最早提出第四范式，也就是数据密集型科研范式。2009 年 10 月，微软出版了《第四范式：数据密集型科学发现》（*The Fourth Paradigm：Data-Intensive Scientific Discovery*）一书，这是第一本也是迄今为数不多的从研究模式变化角度来分析大数据及其革命性影响的著作。著作对数据密集型科学发现的理念、应用和影响进行了全面分析，首次全面描述了快速兴起的数据密集型科学研究，内容包括地球与环境、健康与生活、科学基础设施、学术交流等。我国 200 多位院士专家在深入研究《科技发展新态势与面向 2020 年的战略选择》后总结得出，与实验科学、理论科学和计算科学三种经典科研范式相比，第四科研范式将成为一种全新的科研范式。

当前，随着科研第四范式对科学研究的影响逐渐深入，为了加速取代传统研究范式，学术界从概念界定、理论体系、技术方法等视角对科研第四范式的研究逐渐增多。在概念界定上，学者普遍采用吉姆·格雷的观点，认为科研第四范式是基于大数据的科学研究。科研第四范式是一种基于数据驱动的科学研究新范式，数据作为科学研究的对象和工具。在传统科研范式中，对精确的原始数据和严密的假设检验过程有着严格的要求。然而，在数据密集型科研范式下，数据分析和知识发现不再追求绝对精确的原始数据，也不再依赖严密的假设检验过程。海量原始数据的采集能力以及云计算带来的强大集群计算和资源存储能力构成了数据密集型科研范式的基础，更多复杂无序的相关关系的发现以及学科间更为密切的交流合作产生了科学研究新方法（黄鑫和邓仲华，2017）。

有许多领域面临的挑战需要或即将需要数据科学来帮助解决研究和技术问题。例如，近期生态预测；了解生物的表型是如何由它们的基因型和环境决定的；弹性工程系统的实时感知、学习和决策；自主技术的发展；对地球系统的预测性理解，包括气候、天气、水文、地震和空间天气灾害；了解暗物质的本质；下一代催化剂的预测设计；阐明来自原子尺度相互作用的新兴分子特性的设计规则；可持续化学品制造系统的设计；复杂化学和生物系统的实时优化与控制；发现新的先进材料；整合异构数据以解释人类行为、学习和社会过程；预测用于神经影像学和神经学应用的复杂系统。

1.3 数据密集型科研范式的核心内容

前三种范式已成功地将科学研究的发展引领至今天的辉煌，为科学研究的不断发展做出了伟大的贡献，而且计算科学作为主要的科研范式，在现代科学研究中占有重要的地位。毫无疑问，科学研究若需获得增量型进展，仍需依据现有的范式和技术，并且需要采用新的方法，接纳和开创新的范式，来实现科学研究进展的重大突破（陈明，2013）。

数据密集型科研范式时代的序幕已经揭开，数据密集型科研范式的核心是各领域科学家与计算机科学家以平等协同的关系共同开展研究工作，通过多领域科学家的共同努力，实现推动和丰富科学知识发现的最终目标。几十年前，科学是以学科为中心，今天，重大科学研究的进展是多学科协作的结果，未来也将如此。数据密集型科研范式的一个显著特征是以数据考察为基础，从科学数据中发现理论和知识（吴金红和陈勇跃，2015），既不能像理论和模拟那样需要在一定程度上探究"为什么"，也不能像实验结论那样明确地告诉"是什么"，只能客观地判断"大概是什么"，从海量数据中发现数据的共性和客观性（陈明，2013）。

数据密集型科研范式的核心内容具体如下：

1）数据密集型科学研究由数据的采集、管理和分析三个基本活动组成。密集型科学数据的生态环境主要包含大型国际实验，跨实验室、单一实验室或个人观察实验，个人生活等，其数据来源多种多样。各种实验涉及多学科的大规模数据，如澳大利亚的平方公里阵列射电望远镜、欧洲核子研究中心的大型强子对撞机、天文学领域的泛星天体望远镜阵列等每天能产生几千万亿字节（PB）的数据。这类数量庞大、类型丰富、价值巨大的数据对常规的数据采集、管理与分析工具形成了巨大的挑战。为此，科学研究向数据密集型科研转变，越来越多的科研工作是基于现有的数据重新分析、组织、认识、解析和利用（刘艳红和罗健，2013），创建一系列通用工具来支持从数据采集、验证到管理、分期和长期保存等整个流程（梁娜和曾燕，2013）。以数据为驱动探索数据密集型科学中有价值的数据，更强调对大数据的处理，强调"规模数据＋简单逻辑"的挖掘模式，要求进行从数据到知识的服务模式，这是一个动态的过程（曹嘉君和王曰芬，2018）。

在大数据时代，科学家将多来源的数据作为科学研究的对象和工具，通过对广泛的数据进行实时、动态地监测与分析来解决复杂的科学问题，重新组织数据进而思考、设计和实施科学研究（夏立新和陈燕方，2016）。数据已经变成科学研究的活的基础和工具，人们不仅关心数据建模、描述、组织、保存、访问、分析、复用和建立科学数据基础设施，更关心如何利用泛在网络及其内在的交互性、开放性，以及海量数据的知识对象化、可计算化，构造基于数据的知识发现和协同研究（梁娜和曾燕，2013）。如图 1-4 所示，在数据密集型科研环境下，科学研究强调传统的假设驱动将向基于科学数据探索的科学方法方向转变，科研活动的主题主要围绕数据的采集、分析、存储、共享和可视化等方面，科研工作者关注的重要问题主要为如何在科研活动中获取适用的科研基础设施的支持、便捷地获取和管理科学数据集以及建立新型科学交流体系。

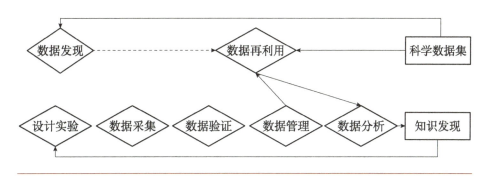

图 1-4　数据驱动的科学研究过程（曹嘉君和王曰芬，2018）

2）所有学科（X）都具有两个进化分支，一个分支是模拟的 X 学，另一个分支是 X 信息学。例如，生态学可以分为计算生态学和生态信息学，前者与模拟生态的研究有关，后者与收集和分析生态信息有关（周晓英，2012）。在 X 信息学中，用户通过计算机向空间发问，并由系统给出答案，且该空间以编码和表达知识的方式存储由实验和设备、档案、文献、模拟产生的事实。需要解决数据获取、管理 PB 级大容量的数据、公共模式、数据组织、数据重组、数据分享、查找和可视化工具、建立与实施模型、数据与文献集成、记录实验、数据管理与长期保存等问题来完成这一过程。可以看出，为实现大数据的捕获、分类管理、分析和可视化，科学家需要在研究过程中采用更好的工具来实现大数据的捕获、分类管理、分析和可视化。

3）以数据密集型计算系统为中心发展的格雷法则。大数据时代来临，数据的来源、类型、存在形态将异常丰富，数据爆炸式的增长对前沿科学带来了巨大挑战，但科学家还没有掌握管理和分析大数据的方法来实现对数据的有效管理与应用以及适应现代信息技术的更新、发展，数据密集型计算面临着难以克服的挑战。正是在这种情况下，吉姆·格雷制定了如下非正式法则，代表了一系列设计数据密集系统的优秀指导原则来应对大型科学数据集的大数据工程。

其一，科学计算趋于数据密集型。计算平台的 I/O 性能限制了观测数据集的分析与高性能的数值模拟，仅有很少的高端平台能提供足够快的 I/O 子系统，因此当数据集超出系统随机存储器（random access memory，RAM）的能力时，多层高速缓存的本地化将不再发挥作用。传统的数值分析包只能在适合随机存储器的数据集上运行，高性能、可扩展的数值计算也对算法提出了挑战。为了进行大数据分析，需要使用还原论方法将大问题分解成小问题进行逐一解决。

其二，数据存储解决方案为"横向扩展"的体系结构。网络的增长速度不足以应对必要存储逐年倍增的速度，因而不能解决数据存储量增大的问题。横向扩展的解决方案是采用简单的结构单元。在这些结构单元中，数据被本地连接的存储节点所分割，这些较小的结构单元使得中央处理器（central processing unit，CPU）、磁盘和网络之间的平衡性增强。吉姆·格雷提出了网络砖块的概念，使得每一个磁盘都有自己的 CPU 和网络。尽管这类系统的节点数将远大于传统的纵向扩展体系结构中的节点数，但每一个节点的简易性、低成本和总体性能足以补偿额外的复杂性。

其三，将计算用于数据，而不是将数据用于计算。大多数数据分析以分级步骤进行。首先对数据子集进行抽取，通过过滤某些属性或抽取数据列的垂直子集完成，然后以某种方式转换成聚合数据。

其四，以"20 个询问"开始计算体系设计。吉姆·格雷提出了"20 个询问"的启发式规则，寻求研究人员让数据系统回答最重要的 20 个问题。20 个询问规则其实是一个设计步骤，使得领域科学家与数据库设计者可以对话。这些询问定义了专门领域科学家期望对数据库提出的有关实体与关系方面的精确问题集，填补了科学领域使用的动词与名词之间、数据库中存储的实体与关系之间的语义鸿沟。这种方法非常成功地使设计过程集中于系统必须支持的最重要特征，同时帮助领域科学家理解数据库系统的折中，从而限制特征的蠕动（陈明，2013）。

其五，计算体系结构向模块化组件转变。数据驱动的计算体系结构变化迅速，尤其是当涉及分布数据时，新的分布计算模式每年都出现新的变化，使其很难停留在多年的自上而下的设计和实施周期中。如果要建立只有每个组件都发挥作用才开始运行的系统，那么将永远无法完成这个系统。在这样的背景下，唯一的方法就是构建模块化系统。随着潜在技术的发展，这些模块化系统的组件可以被代替，现在以服务为导向的体系结构是模块化系统的优秀范例（陈明，2013）。

数据密集型计算不仅仅提供更大规模的数据传输、保存的能力，而且能迅速提供普遍的个人化的低成本、高容量、高效率的存储与计算能力，使得在可预见的不久的将来，个人有可能具有仅仅几年前只有超级计算中心才可能有的计算能力、存储能力甚至个性化的计算云。不仅如此，计算机领域正在开发新的能力，从互联网开源信息、海量科学数据和隐藏在社群交互交流信息中进行知识的发现、获取、组织、分析、关联、解释、推理。科技界也正在迅速建立传播、管理和处理全球知识的基础设施，构建将知识的交换、共享和处理作为所有应用和服务的核心的"知识即服务"（knowledge as a service，KaaS）机制。这样的知识基础设施需要提供恰当的服务集合，不仅要支持知识内容的丰富语义化和语义化访问，还要提供对全球知识进行操作的计算服务，同时还要支持科学家从领域问题出发，发现假说、探查解决路径、"试验"解决方案、预测解决方案对其他因素或在其他应用环境下的可能影响等。数据变成实验材料，而且是更真实、更全面的实验材料，"数据实验"变成科学研究的必要部分（梁娜和曾燕，2013）。

1.4　数据密集型科研范式的特征

与描述自然现象的实验科学、采用模型或归纳法的理论研究以及使用计算机模拟复杂现象的仿真科学的科研范式相比，数据密集型科研范式是基于数据，通过实验、理论、仿真融合的方法，从中总结并得出结论的研究方法。数据密集型科研范式与其他范式相比，具有以下特征和变化。

1.4.1　研究客体的变化

数据密集型科研范式将数据作为研究对象，通过对数据的剖析和挖掘，让"数据"说话，数据不再仅仅是科学研究的结果，而是变成科学研究的活的基础（梁娜和曾燕，2013）。在研究对象上，海量数据取代具体研究对象，使得研究对象呈现出来源多样化、结构多样化、数量海量化。因此，大量数据的获取以及从大量复杂数据中获取有用数据和洞见知识的能力，将成为数据密集型科研范式的关键。

1.4.2　科研驱动方式的变化

由数据驱动，不以理论假设为基础。大数据时代，科学研究正由传统的假设驱动向数据驱动转变，也就是说科学研究方法由提出假设转变为基于探索（金莎，2018），数据成为科研活动的直接驱动力。许多经典的科学研究具有第二范式特征，它们常常是通过逻辑的运算与推理得出某种假设，日后再根据实际观察完成证明或证伪。以前的科学研究过程是假设—论证—验证，而数据密集型科研范式的科学研究过程不再具有假设的前提，而是基于大量数据的推理论证得出研究结果，结果一般具有不可假设性。可以说，经典的科学研究由科学家来假设和验证因果性，而数据密集型科研范式由计算机从数据中发现相关性。由数据驱动，而不进行假设，这是数据密集型科研范式的特点，也是核心优势，因为如果由人进行假设，总会多少受到既往经验等各种因素的影响。数据密集型科研范式基于科学研究问题的数学模型，进行数据分析并得出结论，数据模型往往具有客观的科学依据，使得人为主观因素在科学研究中的作用越来越小。

1.4.3　数据要求的变化

相比传统科研范式，数据密集型科研范式对科研数据的要求有很大改变。首先，体现在对每一个数据的重视度方面，主要改变源自数据体量的巨大变化（金莎，2018）。数据密集型科研范式提供了一种全体性的思维，即对现有技术所能采集的全部数据进行整合分析，更重视每一个数据传达的信息。其次，体现在数据质量方面，数据密集型科研范式也不再坚持数据的精准性。传统科研范式数据样本规模小，数据的小问题极易被放大，严重影响科研结论的推导。而在大数据时代，数据在体量、结构、类型等方面相较以往有了巨大的变化。海量数据、各种半结构化数据等，都使数据密集型科学的容错率大大提升，数据的采集不再需要精心设计。大数据时代的全数据模式意味着，所有粗糙的、多元的、原始的数据都能直接成为科研对象，具有以往没有的时效性和广泛性。

1.4.4　研究手段的变化

在研究手段上，海量的数据存储、分析、识别已经超出人工甚至是普通计算机的功能范围，将更加依赖通过提高计算能力、存储能力、知识挖掘能力等来实现科研创新。数据密集型科研范式从数据获取、建模到分析预测，全部由计算机自动完成。因此，计算机、网络等信息基础设施的提升成为数据密集型科研范式的基础。

数据密集型科研范式提出理论的方式是基于所采集的数据进行挖掘分析。从数据的采集到存储、管理和分析过程，智能化的仪器、计算机、高效的数据处理技术等在整个科研活动的工作已经取代了过去科学家负责的大部分工作，以数据为中心的计算机技术、各类数据研究工具和各种数据管理分析方法，成为大数据时代科学活动开展必不可少的重要组成。

1.4.5　科学发现模式的变化

正如维克托·迈尔－舍恩伯格（Viktor Mayer-Schönberger）所说，大

数据时代科研最大的转变就是放弃对因果逻辑关系的渴求，取而代之关注相关关系。在研究推理中，相关关系代替因果逻辑关系，过程更加复杂，但更客观。也就是说，更加重视实验数据的相关性而非精准性，是理论、实验和模拟一体化的数据密集计算的范式。更为科学的预测，展现了数据密集型科研范式的应用潜力和吸引力。

1.4.6　科研组织模式的变化

在数据密集型的科研过程中，科研人员无须直接面对所研究的物理对象，而是从海量数据中挖掘和分析所需要的信息与知识（李捷等，2018）。因此，相比于传统的科研范式，数据密集型科研范式在科研组织模式上更加重视多学科领域科研人员的交流协作。强调打破各创新主体间的壁垒，围绕共同的创新目标，充分发挥不同创新主体的优势与特色，有效汇聚创新资源和创新要素（刘蓉蓉等，2015），加快建立健全各主体、各方面和各环节有机互动，实现优势互补、资源共享和合作攻关。形成高效的科研共同体，有效支撑新型科学研究的创新发展。

1.5　数据密集型科研范式对科学研究的影响

随着互联网和信息技术的发展，各学科领域产生的数据呈现爆炸式的增长，海量科学数据的迅速产生、广泛传播和有效组织保存，正成为科学研究的有力工具甚至新的基础（梁娜和曾燕，2013）。在这种新型科研环境下，数据的高速增长对数据存储和传输有了更高的要求。数据类型的多元化，除了结构化数据外，还涌现出更多半结构化甚至非结构化数据，其对数据的管理和集成有着更高的要求。数据爆炸和应运而生的数据处理技术催生了数据密集型科研范式的到来。

数据密集型科研范式的核心特征是以数据为驱动，由计算机从海量数据中发现相关性，而不进行假设，预测结果更为科学。此外，多学科领域科研人员的协同创新也成为数据密集型科研范式的又一主要特征，成为帮助科研人员从海量数据中获得新发现的有力工具。从数据密集型科研范式具有的主要特征来看，数据密集型科研范式更加契合科学研究本身的特点，能够更加科学、有针对性地解决问题。它已经从最初吉姆·格雷提到的 e-Science 场景扩展了更多的内容，涉及科研新场景、更多参与方、日新月异的技术与算法、政策和开放科学等，对当前和未来的学科研究工作产生了更为深远的影响。

1.5.1　催生出科学研究新场景

数据密集型科研范式扩大了传统科研范式的适用范围，更能够适应当代科学研究的数据巨量、数据相关性强、更加依赖工具仪器、学术信息交流频繁等新的特征。数据密集型科研范式的到来，催生出了科学研究的新场景（王鹏飞，2020）。运用大数据技术和人工智能技术搭建学科领域的数据模型与引擎系统，产生了新的科研工作流，如图 1-5 所示。第一，数据的采集与存储，即实现快速的数据访问及精准搜索。第二，海量数据的全链条管理，即实现多源异构数据的获取、融合、分析、管理及分享。第三，数据分析算法的发展。数据密集型科研范式改变了传统的数据分析方式，使科学研究人

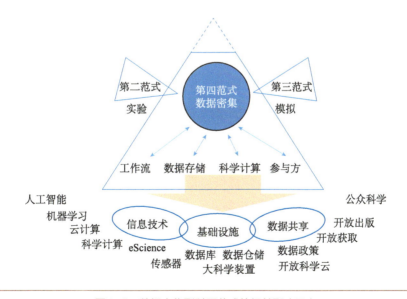

图 1-5　数据密集型科研范式的相关影响因素

员可以通过便利的交互界面进行数据的相关分析，得出尚未预见的结果。第四，数据的可视化。过亿数量级的数据已经远远超出了人类统计学的理解能力，如何高效精准地展现大数据的分析结果以被人脑所接受和理解成为科研工作中的重要部分。一种新型的、高性能的可视化工具和数据分析算法还需进一步的研究发展。

1.5.2　数据被视为研究基础设施

在数据密集型科研范式时代，研究者深知科研数据的重要性和数据驱动科研的价值。人们也逐渐认识到，研究基础设施是国家基础设施的重要组成部分，数据资源现在也被归类为国家基础设施的合法部分。在英国，国家基础设施委员会（National Infrastructure Commission，NIC，https://www.nic.org.uk）已委托多项活动，旨在确保数据在以公众利益为前提下进行管理，其将数据视为基础设施，并重点介绍了正确的数据收集和关于数据共享的标准——来自政府和政府研究机构的数据。2009年以来，支持研究的数据基础设施已经得到极大的发展，许多国家采取开放的数据倡议并建立基础设施和工具来支持这些目标。澳大利亚网站 DATA.GOV.AU（澳大利亚政府数据）是发展得更好的案例之一，其中的数据已被视为国家资源。其他国家也纷纷效仿，如英国和美国各自开放数据站点 DATA.GOV.UK 和 DATA.GOV，以提供对国家数据资源的类似访问。

1.5.3　提高了科研相关方对数据重视的程度

数据的可用性正在推动政策和行为的改变。大洋按钮挑战（Big Ocean Button Challenge）为应用程序提供奖励，基于使用这些数据为渔业、航运、海洋酸化、公共安全和探险提供服务。

科研相关的多方对数据的态度正在改变。科研资助机构现在坚持认为所有研究提案都应包含数据管理计划。同时，政府和组织等已经建设数个数字数据存储库，用于存储研究数据。2012年，美国建立了研究数据出版数据库 Dryad，2018年 Dryad 的 24 000 个数据集下载次数为 45 000 次。在欧洲，欧盟委员会的 OpenAIR 项目与欧洲核子研究中心合作建立 Zenodo（https://zenodo.org），其是一个科研产出库，包括数据和软件。2019 年，艾尔弗·斯隆基金会（Alfred P. Sloan Foundation）资助了 Dryad 和 Zenodo 合作，使开放的研究实践更加适合研究人员。

1.5.4　给学术信息交流带来的深刻变化

在数据密集型科研环境下，数据成为科学研究的新对象、新工具和新范式（王鹏飞，2020），贯穿于整个科学研究的过程。通过计算可操作的方式，人们创造和传播学术记录，并把数据集和学术信息交流中产生的各类知识整合进学术记录，形成新的"超级"学术记录（张文飞等，2016）。人们可以一次就对数千篇文章进行"阅读"分析，找出其中的结构、演变与疑难，支持发现那些隐藏在大量结果中的关联关系和科学规律（贺威和刘伟榕，2014），这改变了原本仅能依赖个人一篇一篇地阅读文献或分析科学数据的情况，打破了知识在微观上的静态局限和个人或小组的认知限制。不仅可以将阅读、分析与对科学知识的注释、讨论、检验、扩展结合起来，还可以将个人"阅读"与群体"阅读"结合起来，使得单篇文章向由数字文献库与科学数据库组合成的"超级"科学记录转移，进而实现知识实验室。科学知识的出版、传播走向开放获取，科学家乃至社会公众能迅速获取全社会产生的科学知识，还能参与到协同创新中去创造知识，支持跨学科领域、跨知识创新价值链各环节等各层次的协同化知识发现和应用。

在数据密集型科研活动中，科学共同体将成为新的科研组织模式。大数据的泛化存在，以及科研领域开放力和包容力的不断增强，使得科学家能不断利用外部数据进行科学研究，促进了彼此间的学术信息交流。科学家通过共享科研成果和利用其他团队的成果，使得科研过程大大缩短，由此逐渐形成一个相互协作的科学共同体，在这一共同体中，科学家可将更多精力用于自己更为熟知的领域的创造工作。此外，在数据共享中，科学家个人的发现能及时得到科学共同体的检验与校正，实现优势互补、资源共享和合作攻关。

1.5.5 对支撑科学研究的数字基础设施提出更全面的需求

大数据、人工智能等技术与科学研究活动不断交互融合引发了科研创新方法的颠覆性变革，科学发现已进入数据密集型科研范式的阶段。这一科研范式的转变对支撑科学研究的数字基础设施在数据、知识、工具、模型算法、协作等方面提出了更为迫切的需求。在知识基础设施需求层面，科技界对传播、管理和处理全球知识的基础设施有了新的需求，将知识的交换、共享和处理作为所有应用和服务的核心，急需建立相应的机制。在数据采集、分析等工具需求层面，各种实验涉及许多学科和大规模数据，特别是高数据通量，使得开发合适的采集、管理和分析工具成为巨大的挑战。因此，需要创建一系列通用的工具以支持从数据采集、验证到管理、分析和长期保存等整个流程。在海量数据计算方法需求层面，不仅需要大规模的数据传输和保存能力，还需要能迅速提供普遍的个人化的低成本、高容量、高效率的存储与计算能力，使个人有可能拥有几年前只有超级计算中心才可能有的计算能力、存储能力甚至个性化的计算云（梁娜和曾燕，2013）。此外，还需要可视化数据分析和知识发现的新方法，以便使研究者从这种科学数据新表现形态中获得洞察力。在科学数据管理需求层面，数据密集型科研范式下的科学数据管理成为科研管理的重要环节，科学数据需要得到详细的描述和完整的保存，并能够被合理共享和有效再利用。针对科学数据格式多样，数据采集、处理、转换相对复杂，以及数据互操作需求更高的现状，需要为数据互操作扫清障碍。此外，科学数据管理还涉及数据权益管理问题，对数据的获取、使用和保存的权利，以及数据各利益相关方在学术评价和科研评价中应享有的认可和激励问题。数据素养在数据密集型科学发现时代显得更为重要，掌握数据采集、处理、转换、传播、保存等的方法、政策与工具，具备良好的数据素养是获得成功的科学决策的重要影响因素之一。

1.5.6 推动全球"开放科学"运动

经济合作与发展组织将开放科学定义为，公共资助的研究成果的主要产

出——出版物和研究数据以数字格式公开，没有限制[1]。EC FOSTER 项目
（Fostering the Practical Implementation of Open Science in Horizon
2020 and Beyond）以促进开放科学的实际实施为目标，开放科学更加应该
将开放的原则延伸到整个研究周期，尽早地促进共享和合作——这是一个回归
英国 e-Science 倡议和愿景的原则。2016 年科学数据领域公布的公平数据原
则，可能在这一领域发挥重要作用（Dumontier，2022）。公平数据原则强调
机器可操作性，以实现计算系统在很少或根本没有人为干预的情况下发现、访
问、互操作和重用数据的功能。除了这些标准和政策的产生之外，相关机构已
经开发出与数据和数据政策相关的数据和元数据标准，以推动世界范围内的数
据共享、系统互操作、科研合作与创新（Sansone et al.，2019）。

为了更好地适应数据密集型科研范式的出现和发展，图书馆积极调整定
位，参与到国家需要、科研需求中，推动着数字资源建设、科学数据管理、
开放获取运动和开放科学框架。美国国家医学图书馆（National Library of
Medicine，NLM）发布的《生物医学发现和基于数据驱动的健康医疗平台计
划 2017—2027》提出的三大目标之一是开展基于数据驱动的科学研究，以
加速知识发现、促进健康医疗发展。美国研究型图书馆协会（Association of
Research Libraries，ARL）的愿景是：到 2033 年研究图书馆将从作为大
学知识服务提供者的角色转变成为丰富多样的研究生态系统中的一个合作伙
伴；研究图书馆将更加密切地参与支持知识发现、使用、保护的整个生命周期
和活动，在大学的使命和社会的不同环境背景下长期保存和分享知识（赵艳
等，2020）。欧洲研究型图书馆协会（Association of European Research
Libraries，LIBER）在 2017 年制订的《2018—2022 战略规划》中提到，作
为研究基础设施的合作伙伴：支持开发可互操作且可扩展的基础设施，支持
知识可持续，在机构层面上的无缝链接。欧洲研究型大学联盟（League of
European Research Universities，LERU）在《开放科学及其在大学中的
角色：文化变革路线图》中指出，面对未来的学术出版趋势，图书馆要主动参
与，制定学术出版路线图，建立新的学术出版机制。这些战略规划中提出的一
些内容，已经突破了传统图书馆的工作范畴，表明下一代"数字图书馆"的数

---

[1] Open Science. http://www.oecd.org/sti/inno/open-science.htm[2021-11-23].

字资源建设和服务将更贴近科研范式的发展和应用场景。

　　出版社等交流传播平台也不断调整其开放政策、仓储政策、数据政策，以便贴合来自科研人员和科研资助者的要求；同时，他们也积极进行文献资源的数据化、提供数据仓储服务、支持科研人员对数据的再利用，进一步研发科研问题的解决方案，包括引入更多资源合作方来打造数据集成平台、建立整套的科研工作流和工具、提出科研数据管理办法、积极加入高能物理开放出版资助联盟。基于商业利益，学术资源的开放程度和再利用程度较低、使用费用较高且持续增长的现状，使得出版社仍时常站在科研工作的"对立面"。

第 2 章

数据密集型科研环境
发展态势

数据密集型科研范式已成为目前科技创新发展的主流范式，科学数据成为科学发现的新型战略资源，一个国家的科学研究水平将直接取决于其在科学数据的优势以及将科学数据转化为知识的能力。因此，数据的海量获取、数据资源的共享、跨领域合作、科研设施的共建共享等成为数据密集型科学研究的关键要素。为在新一轮科技竞争中获得更多优势，世界各国加速启动布局大数据研发战略，并加快数字科研基础设施的建设以及数据知识挖掘、分析、应用相关技术的研发应用。我国也积极打破行业、主体壁垒，从科研资源共享到协同合作，旨在推进以数据融合和协同创新为主的科研生态加速发展，以应对数据密集型科研范式带来的科技创新挑战。本章将重点介绍各国数据密集型科研环境的现状，并进一步分析数据密集型科研的发展趋势和所面临的挑战。

2.1　积极制定大数据发展战略规划

数据密集型科研已经成为发达国家持续提升科技竞争力的关键手段。世界各国纷纷制定国家层面的数据密集型科研发展战略，持续投入大量资金提升支撑数据密集型科研范式的数字基础设施能力，促进科研模式的变革，实现科技创新跨越。欧盟、美国等推出一系列规划，予以持续推进，逐步形成了明晰的数字基础设施架构。在此过程中，鼓励或者激励科研人员积极参与，并根据科研人员的反馈适时做出调整，以便更好地打造科研创新环境。联合国于 2012 年 7 月发布《大数据促发展：挑战与机遇》白皮书，指出大数据时代的到来对于全世界是一次历史性的机遇（赵瑞雪等，2019）。

美国 2012 年 3 月公布"大数据研发计划"，正式将大数据上升到国家战略高度，并于 2013 年推出"数据－知识－行动"计划；2014 年发布《大数据：把握机遇，维护价值》政策报告，启动两项千万级"云计算测试床建设项目"；2015 年提出"国家战略性计算计划"，同时，为提高和改进从海量和复杂的数据中获取知识的能力，美国于 2016 年发布"联邦大数据研究与开发战略计划"（中国国际经济交流中心大数据战略课题组等，2018）。"联邦大数据研究与开发战略计划"围绕大数据研发关键领域的七个战略进行布局：①充分利用新兴的大数据基础、研究方法和技术，创建新一代功能；②支持对数据及其产生的知识的可信性研发，使依靠数据做出的决策更优，基于数据分析采取的行动更可靠，更能获得突破性发现；③加强科研网络基础设施建设，为各机构实现大数据创新使命提供支持；④完善数据共享管理政策，提升数据价值；⑤重视大数据收集、共享与利用过程中涉及的隐私安全和伦理道德问题；⑥改善国家大数据教育和培训面貌，以满足对高端数据科学人才和大批量数据类员工日益增长的需求；⑦建立和加强国家大数据创新生态系统中的相互联系（贺晓丽，2019）。该战略加速推进数据密集型科研基础设施及相关关键技术的发展，目的是从资源丰富的大数据中获得更多的有力信息以支撑科研发展。美国所有顶层设计和纲领性文件的发布和实施，都是为在数据密集型科研范式中保持美国在高性能计算领域的优势和增强科研创新力。与此相应，美国各部门也陆续出台相关政策和措施，并增强资金支持。

2012 年，为将欧盟打造成推广云计算服务的领先经济体，欧盟委员会向欧洲理事会和欧洲议会提交了欧洲云计算战略及行动举措政策文件，并公布"释放欧洲云计算服务潜力"战略，目的是在同年发布《充分发挥 ICT 潜能：赋予欧洲更多能力》报告，以促进欧洲制定战略推进新一轮 ICT[①] 相关技术的发展（张志勤，2013）。2013 年，英国政府发布《英国数据能力发展战略规划》，并建立世界"首个开放数据研究所"。同时，欧盟的"单一数字市场"战略，印度的"数字印度"计划，日本 2014 年发布的"智能日本 ICT 战略"和 2015 年发布的"面向 2020 全社会 ICT 化行动计划"等，无一不是在全面推进和加速国家 ICT 基础设施建设以应对已经到来的数据密集型研究（李志芳和邓仲华，2014）。

我国在大数据科研战略方面起步较晚，落后于美国和欧盟，但在国际大环境的影响下进步较快。2006 年，我国发布了《国家中长期科学和技术发展规划纲要（2006—2020 年）》，指出建设基于科技条件资源信息化的数字科技平台，促进科学数据与文献资源的共享。2012 年，国家发展和改革委员会将数据分析软件开发和服务列入国家发展专项指南。2015 年，国务院印发《促进大数据发展行动纲要》，提出积极推动由国家公共财政支持的公益性科研活动获取和产生的科学数据逐步开放共享。2016 年，国务院印发了《"十三五"

---

① ICT：information and communication technology，信息与通信技术。

国家科技创新规划》，提出要在实施好已有国家科技重大专项的基础上，面向2030 年再部署一批体现国家战略意图的重大科技项目，探索社会主义市场经济条件下科技创新的新型举国体制，完善重大项目组织模式，在战略必争领域抢占未来竞争制高点，开辟产业发展新方向，培育新经济增长点，带动生产力跨越发展，为提高国家综合竞争力、保障国家安全提供强大支撑。2009 年，由科学技术部、财政部推动建设的国家科技基础条件平台门户网站面向公众开放服务。2015 年，国务院发布《促进大数据发展行动纲要》，提出发挥市场在资源配置中的决定性作用，加强顶层设计和统筹协调，大力推动政府信息系统和公共数据互联开放共享，加快政府信息平台整合，消除信息孤岛，推进数据资源向社会开放，增强政府公信力，引导社会发展，服务公众企业。国内相继成立了各类数据中心联盟和开放数据中心委员会，并多次举办以开放数据为主题的会议和论坛，促进了我国开放数据政策的不断完善，也加快了开放数据的步伐。2013 年，国家发展和改革委员会发布了《关于进一步加强政务部门信息共享建设管理的指导意见》，上海、广州、贵州等地也积极行动，如上海发布了《2014 年度上海市政府数据资源向社会开放工作计划》，广州市交通委员会印发了《广州交通信息资源整合共享平台管理办法》，贵州省人民政府印发了《关于加快大数据产业发展应用若干政策的意见》和《贵州省大数据产业发展应用规划纲要（2014—2020 年）》。此外，我国一些地区不同的行业部委也在积极推动大数据及其技术的发展以及与城市经济社会发展的融合，如北京2016 年发布了《北京市大数据和云计算发展行动计划（2016—2020 年）》，上海 2013 年发布了《上海推进大数据研究与发展三年行动计划（2013—2015 年）》，广东 2012 年启动了《广东省实施大数据战略工作方案》等。

2.2 国内外持续加强数字科研基础设施建设

与第三范式下的计算机仿真不同，数据密集型科研发展的一个重要因素是"研究领域拥有大量的数据"，海量数据的出现给计算机科学本身带来了巨大的挑战，当大规模计算的数据量超过 1PB 时，传统存储子系统将难以满足数据处理的读写需要，海量数据传输 I/O 带宽的瓶颈问题也将愈发突出（廖小飞等，

2011）。与此同时，海量数据之间的关联关系已经超出了人的理解和认知能力，面临的数据分析与处理越来越复杂，传统的数据处理模式已经不再适用。因此，世界各国加快布局超级计算机、计算集群、基于互联网的云计算、超级分布式数据库等适应大数据新形势的基础设施，力图打造一个集先进计算能力、数据能力、网络能力于一体的生态系统，迎接数据密集型科研所带来的海量数据处理问题。

在基础设施建设方面，欧洲委员会启动了欧洲开放科学云建设，将包括欧洲网格基础设施（European Grid Infrastructure，EGI）、泛欧数据基础设施项目（European Date Infrastructure，EUDAT）、欧洲高级计算合作伙伴计划（Partnership for Advanced Computing in Europe，PRACE）等在内的欧洲现有的信息化基础设施和数据资源链接起来，通过制定合理的数据保护、开放接入等政策，打造一个数据共享和再利用的统一的信息化基础设施环境，从而促进多学科创新，实现欧盟科技创新的投入最大化。美国国家科学基金会为迎接数据密集型科研范式，资助美国国家超级计算机应用中心的"蓝水"（Blue Waters）超级计算机，以及戴尔公司和美国得克萨斯州立大学研发的超级计算机"Stampede"（赵毅，2013）。为了在数据密集型科研中实现数据密集型和计算密集型之间的平衡，并满足大量用户的需求、扩大应用的覆盖面，Stampede 系统采用了一些带有加速器和协处理器的系统，而Blue Waters 则关注十几个有非常深入的特定应用的少量用户，重在解决数据密集型应用和计算密集型应用在功耗、存储方面的平衡。2012 年，欧盟发布《全球科研数据基础设施：大数据的挑战》报告，并投资 1 亿多欧元加强科学数据基础设施建设，其中数据信息化基础设施成为"地平线 2020"计划的优先领域之一。2018 年，欧盟委员会推出"欧洲处理器计划"（European Processor Initiative，EPI）以及协同设计一款低功耗微处理器，并投入 10亿欧元研制两套百亿亿次计算系统。在这些工程的推进下，2019 年欧盟正式宣布欧洲开发的科学云正式启动。在云平台及信息技术研发方面，欧洲科研教育网 GÉANT 进入新阶段 GN4-2 建设，欧洲科研人员也于 2017 年开发出基于金属锑的新型单元素相变存储器。而在整个欧洲层面，2018 年欧盟宣布"量子技术旗舰计划"正式启动，标志着欧洲范围内的新兴技术应用进入了全新阶段。英国是提出和最早推进 e-Science 网络建设的国家，并始终将其作为提高英国科学研究能力的核心战略。2016 年，欧盟委员会拨款 1000 万欧元启动了为期两年的 EOSC 科研试点项目（EOSCpilot）（佚名，2017）；美国国家科学基金会提供 1.1 亿美元资助实施"极限科学与工程发现环境"（Extreme Science and Engineering Discovery Environment，XSEDE）2.0 项目；英国工程与物理科学研究理事会投资 2000 万英镑建设六大超算中心。2017 年，由欧盟"地平线 2020"创新研究计划出资，欧盟开放数据研究所推出了为期 3 年的"数据场"（Data Pitch）项目，并在 2018 年推出了大数据集成器通用平台，英国政府也与之呼应，于 2018 年投入 3000 万英镑成立国家数据创新中心。

在信息技术及云平台研发方面，2018 年欧盟宣布"量子技术旗舰计划"正式启动，标志着欧洲范围内的新兴技术应用进入了全新阶段。同年，英国科学和技术设施理事会（Science and Technology Facilities Council，STFC）发布的信息化基础设施新战略，提出汇集高性能计算、数据分析和机器学习能力，将应对来自研究计划和工业界的数据挑战作为科研信息化设施提升的关键目标，具体包括用于建模、计算、模拟、数据分析的计算机和软件，用于数据管理和整合的存储设备，用于管理平台、工作负载、数据和安全性、虚拟组织的软件架构，以及科学软件和数据知识研究领域的专业人才。在这些工程的推进下，2019 年欧盟正式宣布欧洲开发的科学云正式启动，旨在整合现有的数字化基础设施、科研基础设施，为欧洲研究人员和全球科研合作者提供共享开放的科学云服务。

在网络生态系统建设方面，美国于 2011 年提出的 XSEDE 项目（张娟等，2018），其目的是通过链接全球的计算机、科学家、科研数据，为科学家提供一个共享科研资源和协同开展科学研究的集成式数字资源与服务环境。XSEDE 服务提供商目前包括伊利诺伊大学厄巴纳 - 香槟分校国家超级计算机应用中心（National Center for Supercomputer Applications，NCSA）、康奈尔大学高级计算中心（Cornell Center for Advanced Computing，CAC）、匹兹堡超级计算中心（Pittsburgh Supercomputing Center，PSC）、加利福尼亚大学圣迭戈分校圣迭戈超级计算机中心（San Diego Supercomputer Center，SDSC）等 19 个高校、研究所、研究公司，每一个服务提供商需要两条万兆网络，一端链接总部位于芝加哥的中心，另一端链接美国科研教育网 Internet2。XSEDE 资源可大致分为：多核和众核高性能计算（high performance computing，HPC）系统，分布式高吞吐量计算（high-throughput computing，HTC）环境，可视化和数据分析系统，大内存系统，数据存储和云系统。同时，XSEDE 还汇集了一批计算、数据分析、可视化、工作流等多领域的专家，为 XSEDE 参与人员提供课程开发和传统培训，提高 XSEDE 的应用效能和应用价值。2016 年，美国国家科学基金会宣布将继续资助 XSEDE 2.0 项目。XSEDE 2.0 项目将在整体上拓展生态虚拟系统能力，并在服务对象、研究人员、技术专家培养等方面做提升。此外，如谷歌、脸书、微软、推特等知名企业在 2019 年联合发布了"数据传输计划"。美国阿贡国家实验室（Argonne National Laboratory，ANL）领导的计算设施也公布了"数据科学计划"，聚焦人工智能驱动的科学发现。2016 年，欧盟委员会推出"欧洲云计划"，计划在 5 年内打造欧洲"开放科学院"，使科学界、产业界和公共服务部门在数据密集型科研范式变革中获益。"欧洲云计划"建立在现有的数据基础设施之上，借助云的理念，链接欧洲不同国家和地区的数据基础设施、数据资源，通过制定合理的开放接入、数据保护等政策，约定统一的访问接口和协议，为欧洲 170 万研究人员及 7000 万科技创新活动的专业人员创建一个科学数据存储、共享、利用的集成环境，实现对欧洲和全球科学数据资产的长期轻量型管理（金莎，2018）。日本国家信息与通信技术研究院（National Institute of Information and Communications Technology，NICT）在 2011 年启动日本千兆网络极限计划（Japan Gigabit Network eXtreme，JGN-X）项目，旨在建立新一代网络推进科研仪器和资源共享，并根据技术趋势提高网络功能和性能。通过试验台的运作，推动广泛的研发活动、各种应用的展示和尖端网络技术的发展。JGN-X 网络测试平台研发实验室建立了四个研究主题：网络编排（运营管理）研究、大规模仿真研究、有线/无线网络虚拟化基础研究、光/无线综合网络控制研究。这些主题都促进了新一代试验台现场实验所需的基础和操作研发活动。在 JGN-X 上可以使用 StarBED3、OpenFlow、PIAX（P2P Interactive Agent eXtensions）基础网络技术。JGN-X 具有虚拟路由器和虚拟存储的全国性基础虚拟环境，在 15 个站点提供可编程网络环境，并具有太比特级光学传输的测试台环境。日本富士通公司（Fujitsu）

在 2018 年公开了下一代超级计算机（Post-K）处理器细节。韩国科研网络（KREONET）的战略目标是基于 SDN 控制平台 /ONOS^① 和可编程网络设备，提供一个全国范围内的可编程网络基础设施。希望在 SDN 上开发自己应用程序的 KREONET 用户，可以通过开放应用程序接口（application programming interface，API）来访问这些基础设施。该方案主要部署在韩国五个地区（大田、首尔、釜山、光州、昌原）和国际三个地区（美国 / 芝加哥、美国 / 西雅图、中国 / 香港），通过多个 SDN 域之间的软件基础相互链接（联邦化），建立国际可编程网络基础设施，以构建一个全韩国范围内的 SD-WAN 网络，包括高性能数据平面、基于分布式的 ONOS 集群控制平面和应用服务层面，韩国政府也在 2018 年公布了数据及人工智能产业发展规划。同时，为了增强 KREONET 网络操作，KREONET-s 项目中的每个 ONOS 控制器都位于韩国的地理分布区域网络中心（如首尔和釜山），以确保 SDN 具备可伸缩性、高可用性、可靠性和高性能。

随着科研数据标准化及溯源成为研究新热点，数据密集型科研的创新能力在很大程度上依赖科研过程中的数据管理和处理能力，而数据的标准化、规范化越来越受到重视。美国能源部通过支持若干"科研数据先导项目"，以探索大规模科研数据集采集、传输、共享、分析的新方法。例如，劳伦斯伯克利国家实验室（Lawrence Berkeley National Laboratory，LBNL）开展的四项"科研数据先导项目"均取得了显著成果。X 光与超级计算是一项探索光子科学新前沿的实验，项目研发了一套能够通过应用美国能源部的能源科学网（Energy Sciences Network，ESnet），实现将来自多个科研机构的不同格式的数据传输到美国国家能源研究科学计算中心（中央式科学计算），同时对这些数据进行半自动化或自动化分析与可视化处理的设施。另一项虚拟数据设施由多家实验室共同完成，克服了这些实验室在数据存储、传输、共享过程中涉及的如身份验证、用户接口开发框架、数据复制、数据发布等普遍遇到的一些障碍。该数据终端目前在美国阿贡国家实验室等五家国家实验室实现应用，实现了一个实验室的数据集可自动复制到其余实验室的目标。同时，该项

---

① SDN：software defined network，软件定义网络；ONOS：open network operating system，开放网络操作系统。

目还研发了一种元数据服务，用于创建数据目录；完成了科研数据的共享、长期保存与使用，为数据溯源提供了基础。在数据溯源领域，美国国家生物技术信息中心（National Center for Biotechnology Information，NCBI）所建立的生命数据检索系统 Entrez 实现了数据源的溯源。Entrez 汇集了蛋白质序列、核酸、基因组、三维结构等不同类型的数据库数据和科研文献，建立了文献间的相互关联以及同源的其他蛋白质序列的关联，并且可以利用可视化软件直接显示分子三维结构图形。数据密集型科研范式对科研基础设施的建设提出了极高要求，尤其是面向数据科研的基础设施建设，包括大科学装置、大型通用研究设施和科技条件公共服务平台三大类，是突破科学前沿、解决国家安全和经济社会发展重大科技问题的重要基础与手段。"十一五"以来，我国加速了国家重大科研基础设施规划和布局，如大型天文望远镜、强磁场装置、散裂中子源、航空遥感系统、子午工程等建设项目；"十二五"期间，我国重点项目包括高效低碳燃气轮机试验装置、高能同步辐射光源验证装置、未来网络试验设施等；"十三五"期间，我国优先布局了大型光学红外望远镜、硬 X 射线自由电子激光装置、超重力离心模拟与实验装置等建设项目。这些项目的建设，为支撑我国推进数据密集型科研范式发挥了重要作用。尤其是在超级计算机领域，我国"天河二号"自 2013 年成为全球最快的计算机以来，为科研创新发展提供了重要支撑。2015 年，北京师范大学在"天河二号"上成功进行了 3 万亿粒子数中微子和暗物质的宇宙学数值模拟，揭示了宇宙大爆炸 1600 万年之后至今约 137 亿年的漫长演化进程。

此外，作为科研创新的主体，大学和科研院所的重大科研基础设施建设对科学研究也具有重要的支撑作用。中国科学院作为全国自然科学最高学术机构，在"十一五"期间，依托院信息化专项，逐渐开始布局以数据为核心的新型科研范式，加快推进具有海量存储与处理能力的科研基础设施建设，形成了具有 50PB 容量的院级存储与服务环境，同时实现了存储设施的虚拟化统一管理，为海量数据科学实施提供了运行环境支撑。清华大学加速了全校"云平台"服务体系建设，利用云计算技术实现 IT 资源的融合和统一管理，通过基于标准 OpenStack+ 架构定制面向高校场景服务的云平台，为全校科研和教育数字化转型提供了支撑。清华校园云针对强化实际需求，从计算存储、网络安全到应用环境提供了一整套全栈、全融合的服务体系，具有面向未来的高拓展性。同时，该平台通过借助 OpenStack 等主流技术，构建云资源交付能力，通过基础设施即服务（infrastructure as a service，IaaS）和部分平台即服务（platform as a service，PaaS）实现快速、全面的服务。清华校园云是国内首个支持 IPv6 的校园云平台。在科研仪器通用建设和基础设施共享方面，我国为改变国内科技基础设施建设分散、重复建设、系统独立、多头管理、资源利用水平低等问题，"十一五"以来国家有关部门组织开展国家科技基础条件平台建设工作，以"整合、共享、完善、提高"为方针，在科研设施与仪器、科学数据和信息、生物种质和实验材料等领域，组织实施了 42 项基础条件共享平台建设项目，累计投入经费近 30 亿元，初步建成了国家科技基础条件共享体系，实现跨领域整合优势单位的优质资源。

国家科技基础条件共享平台打破了行政、地域、学科局限。据中国科技资源共享网（https://escience.org.cn/），家科技基础条件共享平台在国家层面整合全社会科学技术研究资源，参建单位包括各级各类科研院所共 574 所、高校 99 所和部分企业，共计 708 个单位，领域涉及教育部、农业农村部、国家卫生健康委员会、国家市场监督管理总局、国家林业和草原局等 20 余个部门、地方和企事业单位，分布在全国 31 个省（自治区、直辖市）。国家科技基础条件共享平台的资源整合不是简单的资源加和，而是将每个国家科技基础条件共享平台少则十几个、多则上百个单位进行有机协调，国家科技基础条件共享平台在实践中探索形成了执行机构、决策机构、咨询机构和监督机构"四位一体"的组织管理模式。高校以清华大学虚拟共享平台为代表。清华大学虚拟共享平台通过统筹全校可开放仪器设备资源搭建服务全校的虚拟共享服务平台，形成了以实体平台为主、虚实互补、校系两级、通专结合、学科全覆盖的科研条件平台结构。虚拟共享服务平台已经成为全校信息化建设成果和载体，实现了全校仪器设备开放信息及资源汇集和查询，可提供注册用户管理、服务预约、网络结算、汇总统计等服务。随着移动服务时代的到来和智能手机的普及，清华大学仪器共享平台手机客户端于 2015 年开发完成并上线使用，系统上线以来，一直稳定可靠地运行，为师生提供了更加便捷的仪器共享服务。"十三五"时期，清华大学完成了一批科研和管理信息化基础设施建设工作，并取得了良好的效果。其中，包括建立数据中心、网络安全体系、基础数据库、电子身份认证系统等基础类系统，并推进实施了"基础数据库建设与数据共享"和"基于数据共享的人力资源信息系统"两个重点项目。

2.3　全球数据管理与开放共享运动快速发展

2.3.1　数据管理与开放共享政策的制定

数据密集型科研的创新能力在很大程度上依赖科研过程中的数据管理和处理能力，在纷繁复杂的大数据面前，数据的标准化、规范化越来越凸显出其重要性。在数据密集型科研范式的推动下，国际上从各个层面都十分重视科学数据的管理和共享问题。国际科学联合会理事会（International Council of Scientific Unions，ICSU）组织成立了国际科技数据委员会（Committee on Data for Science and Technology，CODATA）和世界数据系统（World Data System，WDS）。其中，世界数据系统奉行的科学数据共享政策为依据国际准则或国家法律、政策，世界数据系统成员间要完全与开放地共享数据、元数据和数据产品。共享数据需在最短时间内以最低成本获取到，在用于研究和教育时，所有数据、元数据和数据产品都应免费，即使收费也不应超过以最短时间复制数据所需的最低成本价。国际科技数据委员会于 2014 年通过了《发展中国家数据共享原则》，强调所有公共资助项目产生的数据及信息应持续开放共享，并于 2019 年发布《科学数据北京宣言》，阐明推进公共科学数据领域多边合作的十条核心原则。经济合作与发展组织在 2004 年和 2007 年颁布《开放获取公共资助的科学数据宣言》和《公共资金资助的科学数据获取原则与指南》，以促进成员国之间科学数据的收集和共享。欧洲研究理事会（European Research Council，ERC）于 2017 年发布《科学出版物和科学数据开放获取实施指南》，要求受资助者将科学数据、元数据存储在知识库中，以促进科学数据的开放共享。欧盟"地平线 2020"计划要求科研项目默认公开所有科学数据，同时启动旨在促进科学数据获取和再利用的"科学数据开放先导性计划"。

欧美发达国家早在 21 世纪初就制定了相关法律，为信息和数据的共享提供法律基础。美国政府制定的《信息自由法》和《版权法》明确了公众对政府信息和数据具有自由获取的权利，与此相关的法律还有《阳光法》和《隐私权法》等。美国在 2013 年发布的《促进联邦资助科研项目成果的公众访问备忘录》，指导联邦机构制订"联邦资助科研项目直接成果"的开放获取计划，要求遵循"最大开放限度，最少开放限制，符合法律规范"的原则。除美国外，日本政府颁布了《信息技术基本法》，德国、俄罗斯、法国也分别推行了《信息和通信服务规范法》《俄罗斯联邦信息、信息化和信息保护法》《信息社会法》。英国政府于 2018 年发布了《扩大对研究出版物和数据的访问》，致力于免费开放获取纳税人资助的研究成果，要求英国研究理事会（Research Councils UK，RCUK）要确保受资助产生的研究成果和科学数据以可重复、易用的开放格式存放在可公开获取的知识库中。

国外的科研资助部门针对科学数据的管理与共享问题制定了一系列政策。例如，美国国家科学基金会在项目管理指南中要求，从 2011 年起，所有提交的项目申请书必须包含一份不超过两页的"数据管理计划"，2015 年制订了公共资助科研项目科研数据成果的管理计划《公共访问计划：今天的科研数据，明天的科学发现》；美国国家卫生研究院（National Institutes of Health，NIH）制定了《数据共享计划》，同时在 2015 年发布的《提高 NIH 资助的科学研究出版物和数字科学数据获取计划》中明确提出，NIH 资助的科学研究数据必须实施开放获取与共享。澳大利亚研究理事会（Australian Research Council，ARC）和国家健康与医学研究理事会（National Health and Medical Research Council，NHMRC）均有关于科学数据共享的相关规定。国外的许多高等院校制定了更为详细、操作性更强的数据管理政策，如英国的牛津大学、爱丁堡大学以及美国的斯坦福大学、匹兹堡大学等（司莉和辛娟娟，2014）。

此外，国外的出版机构为推动科学数据的开放共享，制定了强制性更高的数据政策，要求作者投稿时就将支持论文结果的研究数据存储在合适的公共数据仓储中（如 Dryad 等），以此助推科学数据的开放共享。美国出版机构的科学数据政策，如美国科学公共图书馆（The Public Library of Science，PLoS）的《PLoS 编辑和出版政策》《PLoS 数据可用性》《开放存取文献的数据访问：PLoS 的数据政策》等，一般要求作者无限制地允许他人使用论文中的数据。英国出版机构的科学数据政策，如自然出版集团的《数据政策》《编辑出版政策》《数据可用性声明》，要求作者在提交文章的同时，必须将与文章结论相关的科研数据一并上传，或存储在公共数据仓储中，文章发表后科学数据完全开放共享。上述来自不同层面的数据政策，为科学数据的管理与开放共享提供了政策保障，为全社会有效管理与利用科学数据创造了大环境，同时也更顺应了数据密集型科研范式的发展潮流，推动着科学研究朝着低成本、高质量发展。

为推动科学数据的管理与开放共享，顺应数据密集型科研范式的潮流，我国在各个方面不断地制定与完善科技资源管理相关的法律、政策和管理办法等（周玉琴和邢文明，2018）。在法律方面，全国人民代表大会常务委员会于2007年修订了《中华人民共和国科学技术进步法（2007年修订）》，其中第六十五条明确规定，国务院科学技术行政部门应当会同国务院有关主管部门，建立科学技术研究基地、科学仪器设备和科学技术文献、科学技术数据、科学技术自然资源、科学技术普及资源等科学技术资源的信息系统，及时向社会公布科学技术资源的分布、使用情况。全国人民代表大会常务委员会于2015年修正了《中华人民共和国促进科技成果转化法》，提出利用财政资金设立的科技项目的承担者应当按照规定及时提交相关科技报告，并将科技成果和相关知识产权信息汇交到科技成果信息系统。国家鼓励利用非财政资金设立的科技项目的承担者提交相关科技报告，将科技成果和相关知识产权信息汇交到科技成果信息系统，县级以上人民政府负责相关工作的部门应当为其提供方便。在行政法规方面，国务院制定的《国家中长期科学和技术发展规划纲要（2006—2020年）》提出，重点研究低成本的自组织网络，个性化的智能机器人和人机交互系统、高柔性免受攻击的数据网络和先进的信息安全系统；《国务院关于改进加强中央财政科研项目和资金管理的若干意见》提出，科技行政主管部门、财政部门会同有关部门和地方在现有各类科技计划（专项、基金等）科研项目数据库的基础上，按照统一的数据结构、接口标准和信息安全规范，在2014年底前基本建成中央财政科研项目数据库；2015年底前基本实现与地方科研项目数据资源的互联互通，建成统一的国家科技管理信息系统，并向社会开放服务；《关于深化中央财政科技计划（专项、基金等）管理改革的方案》提出，启动国家科技管理平台建设，初步建成中央财政科研项目数据库，基本建成国家科技报告系统，通过建设专门的数字平台促进科学数据的共享。2007

年国务院发布的《中华人民共和国政府信息公开条例》第十九条提出，对涉及公众利益调整、需要公众广泛知晓或者需要公众参与决策的政府信息，行政机关应当主动公开，对科研数据共享起到了巨大的引领和示范作用。2018 年 3月，国务院发布了《科学数据管理办法》，从职责，采集、汇交与保存，共享与利用，保密与安全等方面对科学数据管理与共享进行规范，从国家层面补齐了我国科学数据管理的短板（秦顺和邢文明，2019）。在科学技术部启动科学数据共享工程后，各部门随之建立了各领域科学数据中心，制定了一系列具体的领域层面的数据管理政策，对科学数据资源整合汇交、开放共享、信息安全等做了明确规定。例如，中国气象局于 2001 年制定的《气象资料共享管理办法》；中国地震局于 2006 年制定的《地震科学数据共享管理办法》；交通运输主管部门于 2007 年制定的《交通运输科学数据共享管理办法》；国家农业科学数据共享中心制定的《农业科学数据共享管理办法》和《科学数据汇交管理办法》；国家人口与健康科学数据共享平台制定出台的《人口健康科学数据共享平台科学数据汇交管理办法》。在科研资助机构层面，2003 年发布《国家科技项目科学数据汇交暂行办法（草案）》，2008 年发布《国家重点基础研究发展计划资源环境领域项目数据汇交暂行办法》，此外国家重点基础研究发展计划（简称 973 计划）、国家高技术研究发展计划（简称 863 计划）和国家科技支撑计划（简称支撑计划）等项目管理规定中也有关于数据管理与共享的相关规定。在科研机构层面，比较有代表性的为武汉大学于 2016 年发布的《武汉大学数据管理办法》、中国科学院于 2019 年发布的《中国科学院科学数据管理与开放共享办法（试行）》、中国农业科学院于 2019 年发布的《中国农业科学院农业科学数据管理与开放共享办法》等。这些机构层面数据管理办法的出台，为规范机构科学数据资源管理、保障数据安全、提升科学数据开放共享水平起到了积极的促进作用。

2.3.2　数据管理机构与数据中心的建设

在数据密集型科研范式下，对广泛的数据进行实时、动态地监测与收集，并通过分析来解决难以解决或不可触及的科学问题是科学数据研究的基础。而在科研过程中更为重要的是，如何利用泛在网络及其内在的开放性、交互性，实现对海量数据的知识识别，并构建基于领域数据的、开放协同的研究与创新模式。例如，美国国家卫生研究院于 2014 年资助 11 所大学联合成立的"移动传感器数据到知识"国家卓越中心，开发了可广泛使用的、可扩展的、开源标准大数据分析软件，用以采集、分析、解释由移动和可穿戴传感器产生的医疗数据。同时，从移动和可穿戴传感器产生的数据中提取信息与可实际使用的知识，进而实现可预测、可预防、个性化、可参与、精准医学愿景。该项目由孟菲斯大学的计算机学家桑托斯·库马尔（Santosh Kumar）领导，为期四年，同时聚集了佐治亚理工学院、俄亥俄州立大学、加利福尼亚大学旧金山分校、加利福尼亚大学洛杉矶分校、密歇根大学等 11 所大学和公益组织 Open mHealth 的优秀科学家（郎杨琴和孔丽华，2010）。2013 年，美国国家航空航天局宣布向公众免费开放其资助的所有科研论文成果（除了一些隐私或法律相关的专利或材料以外），同时要求其所有资助项目在科研成果发表一年之内，将科研成果上传到开放数据库 PubSpace。*Nature*、*Science* 等国际顶级学术期刊也相继推出开放获取期刊。在图书馆资源开放共享方面，纽约大学图书馆提出建设、保存、呈现丰富且多样化的馆藏并提供获取途径，确保用户有效地获取和理解任何格式馆藏；宾夕法尼亚州立大学图书馆提出强化馆藏和其他信息资源的可发现性，简化获取途径，以便信息资源能够在任何学习和研究环境中被使用。康奈尔大学图书馆提出，要在教学、科研、学习、知识创新、知识传播、信息交流、资源共享、跨校合作等方面提供一站式信息服务和支撑；普林斯顿大学图书馆联合 9 所美国一流大学建立了图书馆资源共享平台，科研人员可以在任何一个图书馆资源端借阅这些大学的任何藏书，极大地提高了数据资源的利用效率（Hey et al.，2012）。欧盟宣布，到 2020 年所有公共科研机构和公私合作基金支持的科研机构的科研论文将免费开放。2011 年，美国国家科学基金会提出数据管理与共享要求，要求项目申请者必须提出数据管理与共享计划，作为项目审查内容之一。2011 年 12 月，英国商业、创新与技能部发布《促进增长的创新和科研战略》，强调开放数据的重要性，并指出英国将开放公共部门的数据、信息和研究成果，以此来激励创新，使数据的价值最大化。英国政府资助数据管理中心（Digital Curation Center）系统地研究和提出科学数据管理的政策、指南和最佳实践，并于 2014 年投资 4200 万英镑成立阿兰·图灵研究所（Alan Turing Institute），于 2017 年投资 3000 万英镑成立国家数据创新中心。阿兰·图灵研究所将未来的研究重点也放在了大数据收集、组织和分析方法研究上，旨在推进大数据分析与应用领域的发展，进而成为世界一流的数据科学研究所（Assante et al., 2019）。而大英图书馆作为世界上最大的学术图书馆之一，提供图像订购、高质量打印、外景摄影、多光谱评估、个人收藏、专业扫描服务等多种数字化服务项目，除了插图、地图、照片等以 JPEG 格式以及部分数字化馆藏以 PDF 格式提供以外，还以结构化和机器可读格式提供开放数据。大英图书馆搭建了三个共享服务平台，其中第三方平台作为基于专业主题内容的数据开放网络，具有较大的影响力，用户数量巨大，资源更容易被发现，网站的一些功能还可以让用户参与到数据资源建设和组织中。大英图书馆共享服务平台最具特点的是采取了多项措施尽量将数据开放到公共领域，使任何人无须获得许可或支付报酬便可以出于任何目的使用数据，并允许商业和非商业目的的使用（Selby et al., 2019）。事实也证明，一些非洲贫困国家，已经通过互联网实现与欧洲或北美共同开展研究，并取得了相当快的进展。通过利用欧洲和北美积累的科研大数据，如肯尼亚、南非、阿尔及利亚等一些非洲国家的科研水平得到了大幅提高。

为促进我国已有科学数据的充分开发利用，提升数据科学价值，科学技术部于 2002 年开始实施了科学数据共享工程，在国家整体规划与政策调控、协调管理和法规体系的保障下，以实现应用现代技术，推进科学数据信息资源的管理、开放与共用，进而增强国家科技创新能力。2004 年发布的《2004—2010 年国家科技基础条件平台建设纲要》，提出建设的三项主要任务：①构建和完善物质与信息保障系统。制定科学、合理、统一的技术标准和规范，研究开发相关技术，对现有的大型科学仪器、设备、设施、科学数据、科技文献、自然科技资源等进行整合、重组和优化，充分利用国际资源，加快实现资源的信息化、网络化，建立适当集中与适度分布相结合的资源配置格局。②建立以共享为核心的制度体系。制定、公布"科技资源管理法"，加快推进修改、制定一系列配套的法律、法规、规章和标准，明确各相关主体的责任、权利和义务，建立和完善激励机制和评估监测机制，推进管理方式创新，创造公共资源公平使用的法治环境。③培育专业化的人才队伍和机构。深化科研机构人事制度改革，完善评价体系，建立人才凝聚机制，培育、形成一支专门从事科技基础条件管理与技术支撑的人才队伍。2014 年以来，一系列推动信息化深度融合、推进互联网 +、大数据产业发展的政策性文件不断出台，对科研数据管理和数据共享不仅提出了更为急迫的需求，也在措施、方法、资金上给予了支撑。

2007 年中国科学院虚拟经济与数据科学研究中心成立，致力于用实证方法和数据技术来研究虚拟经济的特征及其运行规律，从虚拟经济、知识经济和区域经济现象中寻找数据科学的理论与原理，建有虚拟经济研究室、数据挖掘研究室、绿色经济研究室、社会计算与电子健康研究室、虚拟商务研究室、风险投资研究室。"十二五"期间，中国科学院发展建设科学数据云，加速推进科学数据深度整合与应用服务研究。"十三五"期间，中国科学院提出科学大数据建设框架，布局科学大数据管理引擎、系统集成和应用示范等创新研究，创新研发了科学大数据管理系统 BigSDMS。2019 年，中国科学院印发了《中国科学院科学数据管理与开放共享办法（试行）》，提出了科学数据标准体系，包括专用标准和指导标准两大类，内容覆盖数据全生命周期的规范化管理，为我国科学数据资源管理和共享建设提供了重要支撑。2007 年复旦大学设立数据学和数据科学研究中心，2011 年成立社会科学数据研究中心，主要从事科研数据收集、整理、开发，并为科研人员提供数据保存和服务。在文献数据资源管理和共享方面，复旦大学社会科学数据平台整合了包括研究论文、研究报告、学位论文、专项调查、统计年鉴和政策法规等科学数据，为本校科研人员提供跨学科研究数据服务。清华大学于 2014 年和 2018 年成立数据科学研究院和大数据研究中心。其中，大数据研究中心面向全球数字经济转型和国家经济安全保障等战略需求。它充分发挥清华大学多学科优势，整合了包括清华大学软件学院、计算机科学与技术系、北京信息科学与技术国家研究中心、经济管理学院、电子工程系、环境科学与工程系、汽车工程系等优势团队在内的全校科研力量。大数据研究中心依托国际数据科学与大数据技术科研平台，在技术领域，以大数据应用为引领，在大数据基础理论、核心技术与系统、关键领域应用三个核心层面开展科学研究与技术转化。大数据研究中心的目标是突破一批关键理论和技术，促进数据密集型科学研究中大数据采集、管理、共享与应用的深度交叉与融合发展。同时，在体制机制和人才培育方面，创新合作协同机制，深度实施跨领域、跨学科的交叉融合，打造了一支顶尖的大数据团队，培养了一批大数据领军科学家。北京大学于 2014 年开始推进数据管理的研究与实践工作，推动开放获取。通过核心功能、商业模式、学科范围、服务模式四个方面的比较评估，北京大学最终选定以 Dataverse 为基础，建设北京大学开放研究数据平台。北京大学开放研究数据平台围绕研究数据生命周期的各个阶段，积极推进数据的发布、发现、利用和再加工，并探索数据长期保存和共享模式，培育和促进跨学科的协同创新。北京大学开放研究数据平台科学数据以社会科学和管理数据为主，同时也不断向地球与空间、信息科学、城市与环境等其他学科拓展。截至 2019 年底，该平台已经整合了近 300 个数据集（罗鹏程等，2016）。不同领域知识的融合是数据密集型科研范式的重要特征，因此多元化科研体系和人才培育在数据密集型科研中尤为重要。2016 年，作为推动大数据方向科研的重要举措，教育部启动了"百校工程"项目，提出在未来三年选择百所国内应用型本科院校，以校企合作共建模式，打造百所"大数据学院"、百个"大数据应用创新中心"，以此形成"大数据应用协同创新网络"，建立具备科研创新、人才培养、服务地方经济等多功能的大数据超级平台。值得关注的是，"百校工程"不仅与国际顶级研究机构上海数学中心共建数据科学与人工智能联合实验室，联合开展具有国际领先水平的数据科学创新研究，还首次在国家层面科技创新中将高职院校纳入，其中包括常州纺织服装职业技术学院、湖南商务职业技术学院等，突出技术技能型人才培养，以此培育我国数据产业梯队人才供应链。

2.4　数据密集型科研呈现开放与包容的发展态势

科学技术的网络化与数字化快速发展，学术活动的信息数据来源、组成、价值、处理技术都发生了巨大变化。科学研究向数据密集型科研转变，越来越多的科研工作是基于现有数据的重新分析、组织、认识、解析和利用，数据成为科学研究的基础，数据、信息与知识的转化并产生新知识成为科学发展的关键，也就是知识是重要的资源，知识创新则是推动科学研究发展的动力。新兴信息技术从为科研活动提供有效的工具与环境，逐步演进为和科学研究对象、科学研究过程融为一体，成为新时代数据密集型科研活动的重要组成部分。数据密集型科学研究进入科研智能时代，呈现出开放与包容的发展态势。

（1）数字科研基础设施发展不断加速，发达国家投入巨资以保持领先地位

发达国家为保持其领先地位，越来越重视数字科研基础设施的发展，并不断加速其发展步伐，使高速科研网络向着更高的带宽、高可靠性与个性化的服务方向发展。美国能源部支持的高速科研网络能源科学网是一个为数千名科学家和全世界的合作者服务的高速网络。欧洲委员会启动了欧洲开放科学云建设，借助云的理念，将包括 EGI、EUDAT、PRACE 等在内的欧洲现有的信息化基础设施和数据资源链接起来。

（2）数字科研基础设施呈现融合性发展态势，以适应复杂科学研究下科技创新的新需求

当前，科技创新呈现交叉、开放、协作的新特点，科学研究的复杂性、多学科、国际协作特征显著，越来越离不开数字基础设施的融合发展。以基础学科高能物理领域研究为例，大型强子对撞机（large hadron collider，LHC）横跨瑞士和法国，是全球最大的科学设施，实验产生的数据分布式存储到欧洲、北美和亚洲 11 个顶尖研究中心，然后分散到世界各地上百所研究中心，由全世界多位物理学家合作处理由大型强子对撞机产生的实验数据，同时扩展应用于生物、大气等其他科学研究领域。

（3）数字科研基础设施趋向于包容性更强的科技创新生态系统

2020 年，北约科技组织发布的《科技趋势：2020—2040》认为，未来20 年关键技术四大特征为智能化、互联互通、分布式和数字化。物联网时代，智能网络将所有的数据、人、物及科学流程链接在一起，科学数据从产生、汇集到存储、处理再到转变为知识发现，会成为一个流动且完整的循环，每个环节都可能发酵并创造更多价值，科研手段也必将随之发生改变。科学研究的进步迫使科研信息化基础设施性能和规模加速向更高量级发展，因此新一代数字

科研基础设施很有可能会成为一个生态系统，与科学研究的整个生命周期共融，将数据汇聚在一起，为数据的快速流动提供支持，催生更多且更具价值的科学发现。

（4）基于云计算和大数据的纵深发展和横向融合

信息技术在科研中得到越来越广泛的应用，科研范式已进入了以云计算和大数据为特征的新阶段。以大数据、云计算为代表的信息技术的深入应用有力地推动了数据密集型科研的纵深发展和横向融合，同时不断涌现出新的科学技术问题，更有力地推动了信息技术本身的创新。基于云计算的虚拟实验环境，将有效地推动科研信息化逐步向虚拟化发展。云计算通过采用内部计算资源优化配置和外部应用多样化适应性可满足所有用户个性化的计算服务需求，利用云计算的计算能力和存储能力对海量数据进行大规模处理，可有效地提升数据分析处理效率。

（5）科学共同体将成为新的科研组织模式

大数据的泛化存在，以及科研领域开放力、包容力的不断增强，使得科学家能不断利用外部数据进行科学研究。科学家通过共享科研成果和利用其他团队的成果，使得科研过程大大缩短，由此逐渐形成一个相互协作的科学共同体，在这一共同体中，科学家可将更多精力用于自己更为熟知领域的创造工作。此外，在数据共享中，科学家个人的发现能及时得到科学共同体的检验与校正，从而提高了科学进步的速度与质量。

（6）科研组织管理将更加透明便捷

多学科的交叉融合使得科学研究逐渐成为一个系统工程，传统的科研组织管理模式是由集中管理到分散管理，在科研过程中一般是纵向自上而下集中制和横向交互协助相结合。在信息技术的推动下，科研组织管理的外部协作性逐渐增强，这对科研管理提出了极大挑战。因此，数据密集型科研将加快推进科研管理的网络化发展，增强科研项目在线申请、审核、验收等能力，实现科研过程智能管理、科研经费及时申请、所需所用及时监控，最终实现科研组织管理的更加透明和便捷。

（7）开放科学借力信息化成为新的趋势

数据驱动科研的背后，是科研跨学科、跨机构、体系化、平台化、分工细化、开放协作的特征更加突出，开放科学将成为数据密集型科研范式的主要特征。当前，科学研究效率的快速提升、科学成果的加快涌现，将推进开放式的网络化协作科研和数据驱动的数据密集型科研加速发展，并且可以预测的是，这一趋势将持续加强，最终将建立基于开放理念和先进技术的全新科学组织范式。2019 年初，爱思唯尔发布了《科研的未来：下一个十年的驱动因素与场景》报告，其中一个预测就是在未来十年科学研究的发展趋势中，技术进步、开放科学和中国崛起是影响未来全球科研发展的三大因素。

2.5　数据密集型科研面临多方面挑战

数据爆炸式的增长给前沿科学带来了巨大挑战，但科学家还没有掌握管理和分析大数据的方法，而小数据的管理和分析方法已不能胜任，数据密集型计算面临着难以克服的挑战。如今大数据发展的结果，使得科学研究者在纷繁的数据世界中，享受着知识交流与分享便捷的同时，面临着知识创新模式的变革和更严峻的数据、信息供给过载但有效知识不足等问题。对于数据密集型科研范式，通过帮助人类和机器发现、访问、集成和分析适合任务的科学数据及其相关算法和工作流以促进知识发现尤为重要。在数据密集型科研生态环境下，科学研究主要面临以下挑战。

（1）数据方面的挑战

随着科学研究问题的日渐复杂，在科学研究过程中会涉及来自多学科的大规模数据，特别是高数据通量，使得合适的数据采集、管理和分析工具面临巨大的挑战。

为了支撑数据密集型科研，需要创建一系列通用的工具以支持从数据采集、验证到管理、分析和长期保存等整个流程。因此，科学数据的建模和管理必须有所突破，包括解决数据建模挑战（数据描述、环境感知、数据溯源、数据质量等）、数据管理挑战（数据采集、组织、归档、访问、发现、保护、保密、认证、链接、整合、共享、保存等）和数据工具挑战（数据分析、可视化、数据挖掘等）。这需要新的数据模型、查询语言和工具，使得科学家能够尝试新的技术和模型，并用新的方法对这些技术和模型进行测试，以有利于创新研究活动。

例如，数据是否被系统、客观、准确、精确地采集，数据以及采集技术、方法与环境是否准确描述，数据是否被全面、准确记载，数据在处理环节之间计算或转换时是否失真、是否能可靠溯源，数据在整个项目生命周期中的处理、转换、修改、保存、发布、删除等规则和责任体系是否建立，数据及其各个"版本"在项目结束后是否可公共获取等，这些都成为亟待解决的问题。因此，科学数据基础设施应具有环境感知的功能，能够根据用户所处的环境向用户提供相关的信息或服务，而不依赖于用户的请求。此外，在数据挖掘方面，对于许多学科来说，数据产生的速度远远大于人们进行数据挖掘的速度，因此必须从传统的一次性数据挖掘转向能够挖掘持续的、可能无限的数据。

（2）系统方面的挑战

系统方面的挑战包括开放和可扩展的基础设施、虚拟研究环境、互操作性和中介软件、计算工作流工具等。其中，虚拟研究环境对于数据密集型科学至关重要，下一代科学数据基础设施必须提供必要的架构和管理工具，以构建、支持和维护虚拟研究环境。同时，数据密集型计算不仅需要提供更为强大的数据传输和保存能力，而且还要能迅速提供普遍的个人化的低成本、高容量、高效率的存储与高性能计算设备。在科学数据互操作方面，目前有太多的科学数据格式，甚至在同一领域中对于同一类数据，也因为种种原因有若干不同的数据格式；但对科学数据的描述又往往缺乏细致的元数据，尤其是对科学数据采集、处理、转换、转移过程，几乎没有可靠的元数据进行描述，对科学数据的权属、权利转让、管理要求、使用许可等更缺乏规范的计算机可读的元数据；对于数据单元和数据集的标识与引用，缺乏广泛认可和可互操作的唯一标识符体系与引用规范。因此，打破科学数据使用规则过程中的重重障碍，构建支持科学数据广泛共享和利用的开放标准体系成为又一大新的挑战。

（3）数据应用方面的挑战

在数据密集型科学发现时代，要能可靠和有效地设计数据采集、管理和共享计划，要掌握好数据采集、处理、转换、传播、保存等的方法、政策与工具，显然是个严峻的挑战。为了支持研究人员与数据的相互作用，需要解决以下挑战：找到正确或充足的数据、处理低质量的数据、整合不同来源和不同格式的数据等。此外，由于用户拥有不同的技能和目标，与数据的互动模式也有所不同。这就需要帮助每个人尽可能地提高其数据使用模式，向专家使用模式靠近，从而更有效地利用数据。

（4）数据人才方面的挑战

科学数据基础设施必须支持研究和出版过程。科学家所产生的原始数据应被建档，形成数字化管理的数据仓储——数字数据中心。这就需要数据档案保管员（与数据产生者联系，以将数据建档，生成元数据）和数据管理员（对自己保管的数据进行持续评估，增加其价值）。静态的数字数据则在数字数据档案馆中被长期保存，出版物则被建档形成数字研究中心。同时，在数字数据中心中保存一个"个人空间"也是一个新兴的趋势，从而最大限度地减少数据的转移，并允许众多科学家合作进行联合分析。

因此，必须基于坚实的科学基础，建设全球科学数据基础设施，开发先进的新型数据管理、数据分析与数据挖掘工具，开发与数据、元数据、不确定性和质量相关的正式模型及查询语言。科学数据基础设施必须支持开放链接的数据空间、科学数据与文献间的互操作、数据密集型研究、多学科和跨学科的研究以及科学生态系统。此外，还需要创建新型国际研究团体，培养适应数据密集型科研新形势的新的专业人才。

第 **3** 章

支撑数据密集型科研的
数字基础设施典型案例

在数据密集型科研范式下，不断产生并可被利用的海量数据将彻底改变科学研究的模式。科学研究需要开辟新的路径，支撑数据密集型科研的数字基础设施建设必然需要跟上数据密集型科研的步伐。目前，发达国家为适应数据密集型科研范式下的科研新形势，在建设支撑数据密集型科研的数字科研基础设施方面发展迅速，并取得了一定的进展。以欧盟为代表的国际组织，联合多方力量，不仅建设了适合所有领域的通用数字科研基础设施，还针对专业学科领域科研发展的需求和特点，建设了用于支撑数据密集型科研新形势下的专业领域数字科研基础设施。

3.1 通用数字科研基础设施

3.1.1 欧洲开放科学云

1. 概况

欧盟委员会于 2016 年提出欧洲云计划，其中包含建设欧洲开放科学云（The European Open Science Cloud，EOSC）。欧盟委员会在《欧洲云计划——在欧洲建立竞争性数据和知识经济》中提出将 EOSC 发展为存储、共享和开放、互联的可信环境，在成员国之间、欧洲层面和国际上实现服务一体化，加速向数字单一市场过渡（张伶等，2020）。面对不断发展的数据驱动研究领域，EOSC 以更有效的方式打破现有访问服务，方便科学研究团体共享包含出版物、数据、软件、方法在内的科学内容，并进一步促进研究人员协作方式的演变。

欧盟委员会提出 EOSC 的愿景是链接整个欧洲的数据基础架构，确保数据可以在不同学科以及公共和私营部门之间尽可能广泛地使用（刘文云和刘莉，2020），EOSC 科学数据的共享范围不局限于研究成果的基础元数据，还包括非直接相关的关联元数据（付少雄等，2019）。EOSC 通过向欧洲数据基础设施部署所需的超级计算能力、快速链接技术和高容量云解决方案，创造了适用于经济和社会所有领域的解决方案与技术，使欧洲成为科学数据基础设施的全球领导者。

　　EOSC 通过联合欧洲现有的分布式科学数据基础设施，打造一个开放、无缝访问的虚拟环境，为欧洲科研人员及各领域的专业人士提供跨境、跨领域的科研数据存储、管理、分析与再利用服务。其可以提供涵盖整个研究生命周期——从数据生成到可访问、使用和科学信息重复使用的电子基础设施服务，为科研人员充分利用科学大数据提供了重要的基础设施支撑，使科研数据的共享和传播超越地域、学科和技术的边界，为科研人员创造了一个可信度高的开放科学生态环境（刘文云和刘莉，2020）。

　　欧洲开放科学云中心（EOSC-hub）是由 74 个合作伙伴组成的联合体提交的研究创新行动。EOSC-hub 汇集了全球 300 多个数据中心和 18 个欧洲基础设施，为欧洲研究人员和创新人员发现、获取、使用和再利用基于高级数据驱动研究的广泛资源提供支撑（中国科学院成都文献情报中心信息科技战略情报团队，2019）。该项目开始于 2018 年 1 月，结束于 2020 年 12 月。

　　EOSC-hub 旨在促进 EOSC 项目的实施，使人们能够轻松公开地访问跨国家和多学科研究数据和服务系统，该中心作为所有相关人员的欧洲级切入点，通过 EOSC 的集成管理系统提供可供访问的数据资源。EOSC-hub 提供来自欧洲网格基础设施（European Grid Infrastructure，EGI）联盟、欧洲数据联合行动（European Data Infrastructure Collaborative Data Infrastructure，EUDAT CDI）、INDIGO 数据云等主要研究电子基础设施的服务、软件和资源目录。EOSC-hub 以欧洲主要地区电子基础设施的成熟流程、政策和工具为基础，覆盖从规划到交付的整个服务生命周期，汇集了欧洲及世界其他区域和国家电子基础设施的服务。

　　EOSC-hub 汇集了一大批国家及服务提供商共同创建 hub 中心，目的是成为欧洲研究人员和创新者的联络点，为高级数据驱动的研究提供发现、访问、使用和重用的广泛资源。对研究人员来说，这将意味着更广泛地获得支持其跨学科和地理界限的科学发现与合作的服务。该项目动员来自欧洲研究联合会、欧盟数据中心、INDIGO 数据云和其他主要欧洲研究基础设施的供应商，提供研究数据、服务和软件的共同目录。EOSC-hub 与 eInfraCentral、EOSCpilot、GÉANT 4.2、OpenAIRE Advance 和 RDA Europe 4.0 项目密切合作，为整个欧洲的研究社区提供整体一致性服务。

1）通过开放集成的服务目录，简化为欧洲和国际组织提供的广泛数据资源和服务的访问。

2）通过技术集成以及采用计算、存储、数据和软件平台的互操作性标准，消除欧洲及其他地区的服务供应分散和对高质量数字服务的访问问题。

3）通过扩大容量和功能并改善服务质量来整合电子基础设施。

4）扩大对包括研究人员、高等教育机构、商业组织在内的所有用户组的服务访问权限，并扩大用户基础。

5）提供知识中心。

6）提高研究型电子基础设施的创新能力。

2. 发展历程及预期成果

欧洲是世界上最大的科学数据产出地，但由于基础设施不足、研究力量碎片化，大量科学数据未被充分利用。EOSC 的建立使得整合现有的数字化基础设施和科研基础设施，为欧洲研究人员和全球科研合作者提供共享开放的科学云服务成为可能。

欧盟委员会于 2016 年提出作为欧洲云计划一部分的欧洲开放科学云计划，旨在建立欧洲有竞争力的数据和知识经济；2016 年和 2017 年与科学和机构利益相关方进行了广泛的磋商；2017 年 6 月举行了第一次 EOSC 峰会，发布了 70 多个机构认可的 EOSC 宣言；欧盟委员会于 2018 年 3 月以实施 EOSC 路线图的形式介绍了磋商的摘要结果；于 2018 年 11 月 23 日发布 EOSC 在线门户网站初步版本。

EOSC 的提出和门户的建设，将方便所有欧洲研究人员通过门户轻松访问所有资源，通过跨学科的数据访问释放跨学科研究的潜力；将实现服务和 FAIR 数据互操作，同时规定公共资金资助的数据原则上是开放的，即尽可能开放，必要时才关闭，有助于提高研究人员对数据密集型研究和数据科学的认识。

3. 实施路线

2018 年 3 月，欧盟委员会通过了欧洲开放科学云实施路线图，包括架构、数据、服务、访问与接口、规则、治理六条行动路线，具体如表 3-1 所示（中国科学院成都文献情报中心信息科技战略情报团队，2019）。

表 3-1　欧洲开放科学云实施路线图

行动路线	详细内容
架构	联合现有的碎片化、互操作性不足的科研数据基础设施
数据	采用通用数据语言，确保依据 FAIR 原则进行跨境、跨学科的数据管理
服务	提供满足用户多样化需求的广泛服务
访问与接口	提供一种简单的方式来处理开放数据和访问跨学科科研数据
规则	遵循现有法律和技术框架，并提升法律的确定性和信任度
治理	建立新的治理框架，确保欧洲在数据驱动型科学领域处于领先地位

4. EOSC "研究共享区"

EOSC 提供无缝数据访问和解决整个研究数据周期的互操作服务，其目的是在欧洲构建一个研究数据云，同时 EOSC 也可以看成一个由欧洲研究界共同开发和管理的"研究共享区"，实现由研究信息向研究知识的转化。在数字化和人力资源互联的基础上，EOSC 通过平滑数据流、智能发现和科学结果的检索，以及对传输、存储和分析数据服务均质且安全地访问，为现有基础架构增加了新价值。EOSC 具有以下几个特点。

1）默认开放性（openness by default）：研究生命周期的每个阶段都嵌入了具有开放科学实践的可信赖的基础架构，以确保透明度、可重复性和问责制。

2）数字资源网络（a network of digital resources）：一个管理一系列专注于企业对企业（business-to-business，B2B）共享与访问系统集合的系统，一种定制的、轻量级监督管理框架，以合同自由为基石，确保不同参与者的最佳权益和发展。

3）以研究人员为中心（researcher-centric）：数据操作的抽象层，包括报告、工作流、并行性和持久性，支持可复制的"数字实验室"作为标准工作方式，允许对等或非对等的研究者进行交流。

4）开放治理（open governance）：一个由多个参与者共同维护和保存的共享竞技场，国家层面通过国家节点加强 EOSC 结构公开管理，并由欧盟委员会进行指导。

5）培训未来的数据专家（training tomorrow's data experts）：已作为协同、专业且认证的培训基础设施纳入机构和研究组，成为欧洲数字技能议程的一部分。

5. EOSC 的架构

EOSC 将汇集现有和新兴的数据基础架构，为所有欧洲研究人员存储、管理、分析和重用数据创建一个值得信赖的虚拟环境，使其从数据驱动的科学中获益。数据提供者可受益于数据标注、存储、管理和在受信任存储库上的长期保存服务，数据用户将有权发现、访问、重用、合并和分析研究数据（张伶等，2020）。

与其他数字基础设施类似，EOSC 需要技术和人为因素之间的无缝交互，以确保其在研究者社区中的有效运作和普及。如图 3-1 所示，这些元素中的每一个都有内部层次结构和子层，以满足研究生命周期的不同阶段以及跨界和学科的不同需求。另外，这些都是通过参与式、开放和透明的治理层绑定在一起的，支撑研究共享区的所有内容，包括商定的组织、技术、法律和道德框架，或者其他以参与规则形式表达的政策。EOSC 可以被看作是一组相互关联的数字资源，可以通过对传输、存储和分析数据中资源均匀且安全的访问，支撑平滑数据流、科学内容的智能发现、新知识的产生。

EOSC 架构包括四层：服务层（services layer）、数据互操作层（data interoperability layer）、访问互操作层（access interoperability layer）和监控层（monitoring layer）。服务层包括由各个国家、研究机构开发和经营的各种服务；数据互操作层和访问互操作层是两个关键的链接层，可促进数据和访问的联合和合规性，其作用是打破孤立，并通过技术、语义、组织（业务）和法律互操作性为研究人员提供无缝访问。监控层主要用来评估数据、服务等的使用情况。

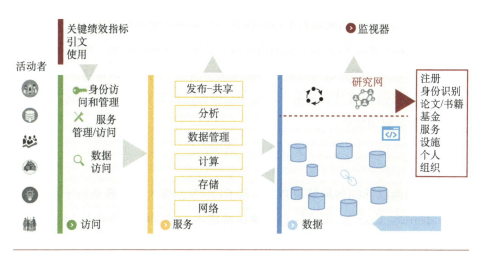

图 3-1　EOSC 架构（Manola et al., 2019）

（1）服务层

服务层包括在各种环境中提供的所有服务：机构、国家、欧洲。它是去中心化 EOSC 的核心，反映了欧洲当地实践和投资的多样性，为创新提供了所需的敏捷性和灵活性。服务可分为基础服务（foundation services）和支持研究的服务（research enabling services）。

基础服务：基础服务为数据中心提供存储、计算、网络和数据管理服务。基础服务包括基于虚拟化技术的基础架构层，在该层服务提供商将虚拟机作为服务提供给最终用户，并为用户提供可以为数据管理创建低级别应用程序的平台服务。

支持研究的服务：支持研究的服务是指支撑全球和学科级别数据驱动科学的分析、发布、共享和发现服务。

（2）数据互操作层

EOSC 的中心有一个不断扩展并按需提供数据和知识的内容提供商，包含超过 2.5 亿份出版物、数据集、实验、工作流和协议。产生、存储、传输、分析和使用的数据是欧洲共享研究数据空间的一个必不可少的部分，即无缝数字区域，其规模可实现基于数据的新产品和服务的开发。为了使 EOSC 实现平滑数据流，必须为开放数据及 FAIR 数据嵌入一个数据合规框架，规定并应用数据元素在特定的学科级别和范围内发布、共享和重用的规则。在构建互操作性指令时，必须考虑到这种数据的多层视图，因为不同的领域有特定的社区需求，可能与其他领域共享其中一些需求。该合规框架包括标准、协议、API、语义词汇表、许可证等。

（3）访问互操作层

为了融合欧洲的各种解决方案，将 EOSC 创建为成体系系统（system of systems，SoS），重要的是要确保跨国界、跨学科、跨商业 / 公共部门统一提供服务和数据。访问互操作层尊重现有投资和实践的多样性与包容性，并确保专门的基础设施 / 服务保留其独特的功能，并在该层实现了 EOSC 数字共享框架。访问互操作层为研究人员和服务提供商创建可信环境的 B2B 机制，并且引入了数字市场世界的度量方式，如服务和数据访问的标准合同条款、质量规范（认证）、安全性和隐私性规范（包括信任和身份）。同时，支持分类（简化浏览）、策展（以提高质量）、编目（以提供智能发现）、众包（以吸引研究人员积极参与）。可以将访问互操作层分解为以下具体框架：身份验证和授权互操作框架、数据访问框架、服务管理和访问框架、元数据框架。

（4）监控层

EOSC 的成功和可持续的关键是，通过使用来评估其组件（策略、访问框架、服务、数据）。监控层是 EOSC 的总体层，是 EOSC 的核心，其以一种规范化和一致性的方式收集 EOSC 所有单独组件的数据，包括所有类型的使用数据和性能相关的数据等。一方面，这反映了研究人员的兴趣；另一方面，这些数据将为如何评估和改变必要的政策、业务、资金和使用模式提供有益的反馈。

6. EOSC 服务

EOSC 服务包括 EGI 联合云和 EUDAT 提供的服务、INDIGO-DataCloud 项目期间开发的服务、研究社区提供的主题服务等。根据不同的服务类型，可将 EOSC 服务分为数据管理、加工分析、计算、存储、分享和发现、安全与运营等。

（1）数据管理

B2HANDLE 是一种分布式服务，用于存储、管理和访问持久标识符（persistent identifier，PID）、基本元数据（PID 记录）和管理 PID 命名空间。该服务的实现依赖于 Dona/Handle 永久标识符解决方案。B2HANDLE 可被中间件应用程序、最终用户工具和其他服务使用，以通过更改对象位置或所有权，在更长时间跨度内可靠地识别数据对象。

EGI DataHub 通过门户中心网站搜索数据，允许用户以可扩展的方式访问关键科学数据集。它提供了一系列数据管理工具和存储服务，以帮助科学家在处理数据时更加高效和便捷。同时，EGI DataHub 包括搜索机制和基于访问次数的评级系统，以便访问 AppDB 中的数据，使虚拟组织成员能够将适当的数据与匹配的虚拟设备相关联。

B2NOTE 是一项开放服务，可以让用户轻松直观地为 EUDAT 协作数据基础结构中托管的研究数据创建注释。注释主要包括以下三种类型：来自所标识的本体库的语义标签；当找不到特定的语义短语时，可以使用的自由文本关键字；自由文本评论。除注释数据外，B2NOTE 还提供了数据共享、搜索注释、注释管理等功能，供不同学科领域的科学家使用。

B2FIND 是 EUDAT 元数据索引服务，是一个允许自由术语搜索的跨学科的研究成果发现门户，允许用户在跨地域、跨学科范围内查找数据集合。B2FIND 以欧盟数据中心和其他存储库中存储的研究数据集合的综合元数据目录为基础，从不同来源收集的元数据描述，不仅能够以一致的形式呈现，而且能够跨学科领域进行多方面的搜索。

（2）加工分析

欧洲地球系统建模网络（European Network for Earth System Modelling，ENES）气候分析服务（ENES Climate Analytics Service，ECAS）使最终用户能够对来自多个学科的大量研究数据进行数据分析实验。用户可以定义远程执行的并行处理工作流，而无须下载数据或提供自己的计算资源，因为这些资源是由 ECAS 提供的。此外，用户还可以浏览他人创建和共享的工作流，并将其应用于自己的数据。ECAS 让用户能够编写工作流，并将其应用于不同的数据，而无须再次自定义它。

动态按需分析服务（Dynamic on Demand Analysis Service，DODAS）是一种平台即服务工具，允许实例化基于按需容器的集群。无论是 HTCondor 批处理系统，还是基于 Spark 或 Hadoop 的大数据分析平台，都可以轻易地在任何基于云的基础设施上部署。DODAS 充当了云技术的推动者，旨在帮助科学家轻松利用分布式云和异构云来处理数据。为了减少在分布式云上运行的社区特定服务的学习曲线和运营成本，DODAS 完全自动化地提供创建、管理、访问异构计算和存储资源池过程的方法。

艺术与人文学科的数字研究基础设施（The Digital Research Infrastructure for the Arts and Humanities，DARIAH）研究社区门户是一个为人文研究者提供各种数字应用程序和服务的平台，旨在加强和支持艺术和人文学科的数字化研究和教学。DARIAH 开发、维护和运营了一个基础设施，以支持基于信息和通信技术的研究实践，并支持研究人员利用这些实践来构建、分析和解释数字资源。

结构生物学的 WeNMR 计算工具套件由以下八个独立平台组成：① DISVIS，可视化和量化大分子复合物中可及的相互作用空间；② POWERFIT，用于将原子结构刚体拟合到冷冻电镜密度图中；③ HADDOCK，用于蛋白质和其他生物分子的复合物建模；④ AMBER，用于核磁共振（nuclear magnetic resonance，NMR）结构的门户网站；⑤ CS-ROSETTA，用于对蛋白质的 3D 结构进行建模；⑥ FANTEN，用于核酸和蛋白质序列的多重比对；⑦ SPOTON，用于蛋白质复合物中界面残基的识别与分类；⑧ METALPDB，一个收集生物大分子结构中金属结合位点信息的数据库。

OPENCoastS 旨在为北大西洋沿岸地区的用户提供按需环流预测系统服务。该服务能根据相关物理、化学和生物过程的数值模拟露天海岸生成感兴趣区域 72 小时内的水位、二维速度和波浪参数的预报，有助于预测沿海地区的自然灾害和事故，如预测分析洪水灾害或化学品泄漏，从而有助于搜救行动。

（3）计算

EGI 云计算使用户能够按需部署和扩展虚拟机，其通过标准 API 访问在安全且隔离的环境中提供有保证的计算资源，从而节省管理物理服务器的开销。云计算提供了从跨所有 EGI 云提供商复制的目录中选择预配置的虚拟设备（如 CPU、内存、磁盘、操作系统或软件）的可能性。

EGI 高通量计算可以让用户在 EGI 基础架构上大规模运行计算作业，能够分析大型数据集并执行数千个并行计算任务。高吞吐量计算由计算中心的分布式网络提供，可通过标准接口和虚拟组织的成员身份进行访问。EGI 提供了超过 65 万个核的安装容量，每天支持约 160 万个计算任务。

EGI 云容量计算使用户能够按需部署和扩展 Docker 容器。它通过标准的 API 访问权限，在安全隔离的环境中提供有保证的数据计算资源，无须管理操作系统，提高了性能，非常适用于开发工作。

（4）存储

B2STAGE 是一项可靠、高效、轻便且易于使用的服务，可在 EUDAT 存储资源和 HPC 工作区之间传输研究数据集，面向客户提供高性能传输服务。B2STAGE 适用于需要将大数据收集从 EUDAT CDI 转移到 HPC 的社区。

B2SAFE 是一项强大、安全且高度可用的服务，它使社区和部门存储库能够以可信赖的方式在多个管理域中对其研究数据实施数据管理策略。该服务提供了大规模异构数据存储的抽象层，并能防止长期归档中的数据丢失。它可以优化用户（如来自不同区域）的访问权限，并使数据更靠近用于计算密集型分析的设施。

EGI 在线存储使用户可以在可靠、高质量的环境中存储数据，并在分布式团队之间共享。数据可以通过不同的标准协议进行访问，并且可以在不同的提供程序之间进行复制以提高容错能力。

B2SHARE 是一种用户友好、可靠和值得信赖的方式，供研究人员、科学界和公民科学家存储和发布来自不同背景的小规模研究数据。同时，B2SHARE 也是一种解决方案，可促进研究数据存储，保证数据的长期持久性，并允许数据、结果或想法在全球范围内共享。

（5）分享和发现

B2DROP 是一项安全可靠的数据交换服务，使得研究人员和科学家可以保持其研究数据同步和最新并与其他研究人员进行交换。B2DROP 是与同事和团队成员存储和交换数据、同步数据的多个版本、确保大型文件的自动桌面同步的理想解决方案。对于需要与一个或多个用户同步和交换数据的个人研究人员，B2DROP 是一种面向客户的解决方案，用于与团队成员存储和交换数据。

（6）安全与运营

EGI Check-in 是一种代理服务，充当中央集线器，用于链接联合身份提供程序（identity provider，IdP）与 EGI 服务提供程序。通过签入，用户可以选择自己喜欢的 IdP，以便其可以以统一和便捷的方式访问和使用 EGI 服务。

3.1.2 欧盟第七框架项目

1. 概述

欧盟第七框架项目（D4Science）的目标是建设信息化基础设施，构建数字知识生态系统。图 3-2[①] 展示了所设想的知识生态系统，即可互操作的数据电子基础设施、存储库和利用所提供服务的科学社区。D4Science 能够创建虚拟研究社区，提供虚拟研究环境和服务，支持不同学科和区域的科研人员获取和共享数据、应用、计算和交流。D4Science 整合并实现了与其他基础设施及数据资源的互操作与无缝整合，提供统一访问和检索。INSPIRE、DRIVER、AQUAMAPS 等是 D4Science 项目基础设施的参与者，参与者之间可以互相提供资源和服务。

---

① Combination of collaborative project and coordination and support action. https://indico.cern.ch/event/46138/attachments/949680/1347455/20080911_D4S2_Part-B_I3_v16.1.pdf[2023-08-22].

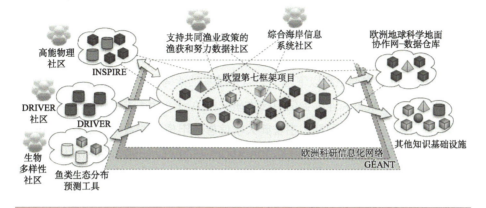

图 3-2　D4Science 知识生态系统

阻碍科学界和应用环境系统开发和使用资源、工具的主要障碍之一是碎片化，科研人员必须跨越几个平台，才能全面了解一项研究活动及其当前和未来的成果。D4Science 为解决这些障碍提供了一个促进开放科学实践的工作环境，而专门为实现虚拟研究环境的构建和开发而设计的软件系统虚拟研究环境（virtual research environment，VRE）是为支持其指定社区的需要而量身定制的基于网络的工作环境。除了为用户提供特定设施（即提供适合于具体研究问题的数据集和服务）之外，每个 VRE 均配备其他基本服务以支持用户之间的协作和合作。目前，D4Science VRE 已经为 40 多个国家的 2500 多位科学家提供服务。

2. D4Science 虚拟研究环境

D4Science 拥有超过 95 个 VRE，为世界范围内的生物、生态、环境、社会采矿和统计社区提供服务。D4Science 与 EGI Cloud 服务兼容，其中两个 VRE 可以为 EGI 云资源提供计算密集型计算，具体如下：① AnalyticsLab，大数据通用机器学习和统计处理算法的集合，包括贝叶斯方法、数据聚类、大型 sata 算法、时间序列分析等。② ScalableDataMining，此 VRE 旨在将数据挖掘算法应用于生物数据。算法在 EGI 信息化基础设施节点上或在本地多核机器上以分布式方式执行。

D4Science 使用云计算技术管理 300 多台服务器，通过 Nagios 和

Prometheus 进行监控；通过 Ansible 自动进行应用程序部署，配置管理和持续交付，其受部署和运营政策的约束。该平台已建立和签署服务水平协议（service level agreement，SLA）并根据定义的使用条款进行运作。

D4Science 主要依靠以下四个站点为其基础架构提供硬件资源：①比萨网站，由意大利国家研究理事会信息技术研究所 A. Faedo 的网络多媒体信息系统实验室开发；②雅典网站，由雅典大学信息与电信系的数据、信息和知识管理专业的通信技术专家开发；③ Consortium GARR，一种非营利性协会，其主要目标是为研究人员、教授、学生的日常活动和国际合作提供高性能链接与开发创新服务；④ EGI 联合云平台（EGI Federated Cloud Platform，EGI FedCloud），EGI 联合云是一种基础设施即服务类型的云，由学术、私有云和围绕开放标准构建的虚拟化资源组成。

3. D4Science 框架体系

D4Science 框架体系中的组件被设想在其所服务的虚拟研究环境相对应的明确的应用环境中操作，即 VRE 的成员是那些预期完全成熟的 VRE 共享的科研加工品的主要研究人员和从业者；这些组件被构思是为了开发科研加工品和贴合 FAIR 原则，不管其成熟度水平且超出了 VRE 的界限。然而根据这些加工品拥有者的政策，应由他们决定何时运用何种方式发布某项研究活动（仅限元数据，基于角色的有效载荷访问，使用许可）；D4Science 系统依赖一个保证有良好服务质量的基础设施来正常运行，从而促进社区的发展，换句话说，科学家可能不愿意将他们的工作环境转移到创新和"云"的基础上，该系统应当尽可能易于使用从而保证科学家的正常活动。

D4Science 框架体系如图 3-3 所示，可分为共享工作区域（sharing workspace）、社交网络（social networking）、数据分析（data analytics）、发布（publishing）四部分。

（1）共享工作区域

在该区域内，VRE 用户可组织他们自己的材料，同时可以访问与他人共享的材料，其类似于非典型文件系统，将文件都收集在文件夹中，但是它支持开放式项目集，即具有可扩展的元数据，同时利用存储解决方案阵列进行存储。

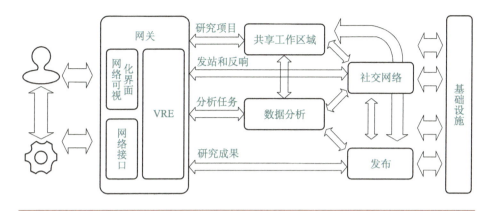

图 3-3　D4Science 框架体系（Assante et al.，2019）

（2）社交网络平台

在该区域内，VRE 用户通过与其他使用者进行沟通从而了解其他人的成就、观点和意见。社交网络平台类似于一个带有帖子、标签、评论和观点的社交网络环境，但是与其他部分的集成又使其成为研究人员强大而灵活的通信渠道。

（3）数据分析平台

在该区域内，VRE 用户通过该平台进行数据处理分析。数据分析平台类似于一个独立的分析平台，其拥有现成的算法和步骤，但它在分布式异构计算基础架构上重新进行部署以执行任务。

（4）发布平台

在该区域内，VRE 用户发布和了解不同成熟度级别上某些人工加工品的可用性。发布平台类似于一个带有搜索和浏览的人工加工数据集目录，能够将所发布产品的类型、元数据与其他产品相融合，具有一定的灵活性。

该区域的软件架构主要依靠 CKAN 技术知识，即开源软件，使用户能够构建和操作开发数据目录，从而实现平台的业务逻辑。这种目录服务规定了目录项目类型的管理，即可以指定要支持的项目的不同类型。每个目录项目类型通过指定属性的名称和可能的值来定义元数据元素。在此目录服务之上，

D4Science 授权技术 gCube 提供多个组件，使得 VRE 用户更容易发布项目。

3.1.3 欧洲开放获取基础设施研究项目

1. 概述

欧洲开放获取基础设施研究项目（OpenAIRE）是一种支持学术交流和开放科学的数字基础设施，由欧盟第七框架计划资助，于 2009 年 12 月立项，致力于建设一个最先进、开放和可持续发展的学术交流基础设施。十多年来，OpenAIRE 通过国家开放获取服务台（National Open Access Desks，NOADs）的专家网络支持开放科（这些专家在各自研究领域内支持开放科学的政策制定）。同时，从开放科学的各个方面培训和指导当今和未来的研究人员。

在技术层面，OpenAIRE 开发了一系列以开放科学图谱（open science graph）为基础的创新服务，而开放知识图谱作为独特而丰富的知识体系，可促进研究结果数据集的可发现性和可互操作性以及发现研究成果之间的关系。OpenAIRE 的 B2B 和企业对消费者（business-to-consumer，B2C）服务由服务层、数据互操作层和访问互操作层组成。通过收集多源知识，OpenAIRE 还基于其技术准则促进互操作，进而促进在 EOSC 中发现的各种数据集的集成。

OpenAIRE 将已建立的和未来的学术交流形式引入 EOSC，对欧洲每个研究人员都有意义。从本质上来说，OpenAIRE 就是一个主要专注幕后 B2B 流程的基础架构，但是它非常重视基础架构的人为部分和研究的本源，并且以出版、声誉和评估等主题解决对每个研究人员来说是最重要的问题。

2. OpenAIRE 在开放科学中的作用

2009 年以来，OpenAIRE 就一直为开放科学提供支持。OpenAIRE 建立了以政策－服务－培训为基础的参与式、服务驱动的基础设施，为 EOSC

做出了如下贡献。

1）政策与管理（policies & governance）：一个由 34 个 NOADs 组成的网络，包括致力于将欧盟政策转移和转化为地方水平的专家。NOADs 实际上是大多数国家开放科学的国家节点，强调与欧盟政策的联系，并准备加快步伐成为国家 EOSC 结构（national EOSC structures）的组成部分。

2）基础设施和服务（infrastructure & services）：一个促进开放科学交流的数据基础设施，可以支持科学数据的培训服务、存储和管理服务，以及开放科学数据的发现和再利用服务。这两个关键服务如下：① OpenAIRE 元数据交换准则，来自世界各地国家基础设施的内容提供商（文献、数据、软件、方法、工作流）使用的通用接口和密钥访问机制（RoP）；② OpenAIRE 研究图，包含所有相互关联的 EOSC 资源的去中心化、可信任、可互操作的数据集，即科研数据、产生数据的研究者、资助项目、使用的设施和科研信息化服务、开放性及公平性程度、使用方法等。

3）培训和支持（training & support）：开放式科学服务台，通过利用 NOADs 的独特潜力和布局来培训利益相关者并为研究人员和数据从业人员建立本地支持网络，从而使 EOSC 培训和支持领域具有连贯性。

3. OpenAIRE 的关键要素

OpenAIRE 为 EOSC 做出贡献的关键要素包括技术架构、开放科学服务台、EOSC 服务、治理、沟通等。

（1）技术架构

OpenAIRE 的主要业务是通过互操作层链接国际基础设施和网络，并提供主题基础设施以提升知名度，支持研究成果的公开发布。

（2）开放科学服务台

通过服务组合的帮助台和支持部门在国家层面进行扩展，支持可信的 FAIR 研究数据、培训的可用性和 FAIR 数据的实施，这是 OpenAIRE 活动的关键部分。同时，通过跨机构和研究社区嵌入数据管理实践，与世界各地的合作伙伴合作，建立全球开放科学网络。

（3）EOSC 服务

OpenAIRE 提供一系列学术交流服务，如 B2B 和 B2C。其中，包括为所有学术作品提供的出版服务（Zenodo）和发现服务（Explore）、为资助者和机构提供的监测和分析（Monitor），以及为内容提供商提供的将其内容链接到 EOSC 的支持服务（Connect）。

（4）治理

只要在成员国级别有一个可信的支持网络，EOSC 在国家层面的实施就会奏效。OpenAIRE NOADs 有将地方政策与欧洲层面政策保持一致的经验，可以将其应用于基础设施和开放科学政策的结合。开放科学政策框架的应用，如正应用在 OpenAIRE Advance 中的开放科学政策框架，无疑将有助于通过行动计算将 EOSC 中的关键国家参与者联系起来。目前，OpenAIRE 中有 26 个国家和地区加入了开放政府合作伙伴，这是建立国家开放科学合作伙伴关系的第一步。此外，促进开放科学政策的关键工具是 OpenAIRE AMKE，常设委员会将为国家 EOSC 结构的融合铺路。

（5）沟通

OpenAIRE 将协同确保建立有效和明确的外联机制来确定其在 EOSC 中的角色和作用。通过 EOSC 门户，OpenAIRE EOSC 服务将成为联合品牌，创建一个联合的、可互操作的服务集合，以无缝地满足未来研究人员在 EOSC 场景下的需求。

3.1.4 美国俄亥俄超级计算机中心

1. 概述

美国俄亥俄超级计算机中心（The Ohio Supercomputer Center，OSC）

由俄亥俄州董事局（现为俄亥俄州高等教育部）于 1987 年成立，旨在将俄亥俄州的研究型大学和私营企业置于计算研究的最前沿。在最初的十年中，OSC 主要致力于为其用户提供高质量的计算和网络服务。近年来，OSC 扩大了其服务范围，以其广泛的研究和教育资源向国家高性能计算和网络用户群提供服务。

　　OSC 支持的研究项目覆盖多个领域，包括物理科学领域的数据密集型科学项目（如大型离子对撞机实验）、环境科学数据分析项目（如北极系统再分析）；在生物医学领域，OSC 积极支持位于俄亥俄州立大学医学中心的综合癌症中心（Comprehensive Cancer Center，CCC）和全国儿童医院研究所（Research Institute at Nationwide Children's Hospital，RINCH）的数据敏感生物医学研究小组。

2. 核心功能

　　OSC 的核心设施包含许多实验室提供的分析研究和临床数据集合：小动物影像共享资源（small animal image shared resource，SAISR）；显微镜共享资源（microscopy shared resource，MSR）；生物医学信息共享资源（biomedical information shared resource，BISR）；比较病理学与小鼠表型共享资源（comparative pathology and mouse phenotypes shared resource，CPMPSR）。OSC 的核心设施正在产生不断增长的数据量，同时在生物医学研究界中，也产生了各种仪器和数据类型之间的共同工作流、数据存储、处理和分配要求。

　　研究人员需要大规模存储和高性能计算处理，以减少数据分析时间，进行数据可视化和数据分发服务，但这些服务常常超出他们的能力、资金和资源。OSC 又推出远程仪器服务，旨在优化生物医学研究过程中的数据存储与处理，以提高科研效率，提供更多的研究机会。如图 3-4 所示，OSC 的核心设施使用远程仪器服务进行大规模存储、处理、可视化和数据分发服务。OSC 已经开发了一项数据导入服务，将自动获取的数据从单个核心设备转移到 OSC 的可扩展磁盘。此外，虚拟环境提供托管设施，以支持数据检查和操作所需的 Web 应用程序和远程桌面应用程序。

　　可视化分析是生物学科中现代分析的重要组成部分。然而，随着数据规模的增大，将处理后的数据集传送给终端用户是次优方案且效率低下。现有的远程桌面技术，如 VMware 视图管理器占地面积不具备虚拟化 GPU 的能力，这不是 GPU 加速可视化应用的较好解决方案。OSC 已经研发了一个系统，该系统使用远程控制工具虚拟网络控制台（virtual network console，VNC）远程访问使用统一计算设备架构（compute unified device architecture，CUDA）和开放图形库（open graphics library，OpenGL）的可视化应用程序，以提供可接受的、延迟的、网络上的大型数据集的交互操作。目前，OSC 正在开发一个系统，以提高远程用户体验和可访问性，并使该远程可视化应用程序在高性能计算集群环境下易于使用 GPU 启用的系统。此外，OSC 正在尝试将手持式和平板设备集成到该系统中，以实现更普遍的可视化。

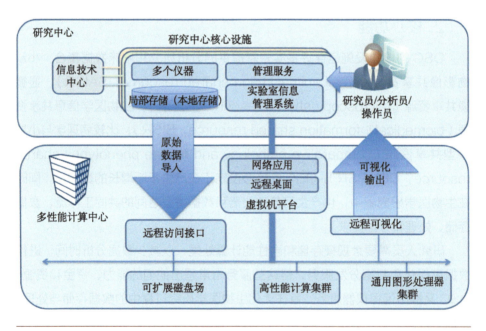

图 3-4　核心设施使用远程仪器服务进行大规模存储、处理、可视化

和数据分发服务（Hudak et al.，2011）

3.2 专业领域数字科研基础设施

3.2.1 欧洲生命科学大数据联盟基础设施

1. 概述

欧洲生命科学大数据联盟基础设施（European Life Science Infrastructure for Biological Information，ELIXIR）汇集了来自欧洲各地的生命科学资源。这些资源包括数据库、软件工具、培训资料、云存储和超级计算机。ELIXIR 成立于 2013 年 12 月，是一个政府间组织，由 22 位成员和 1 位观察员组成，汇集了 220 多个研究组织。

2. 目标定位

ELIXIR 的核心使命是在整个欧洲建立一个稳定和可持续的生物信息基础设施，其核心是为生命科学界提供数据资源、工具和服务，以及稳定和可持续的生物数据访问。ELIXIR 旨在确保这些资源长期可用，并对这些资源的生命周期进行管理，以支持包括生物研究在内的生命科学的科学需求。ELIXIR 的目标是协调、整合和维持生物信息学资源，如数据库、计算服务、应用程序和培训，以便它们形成一个单一的基础设施，该设施在整个欧洲都能访问，并使学术界和工业界的用户能够获取对其研究至关重要的信息。这种基础结构使得科学家更容易查找和共享数据、交流专业知识并就最佳实践达成共识，最终帮助他们更深入地了解生物体是如何工作的。

3. 体系架构

在 ELIXIR 中有 23 个国家／地区，使用"中心和节点"模型进行合作。

ELIXIR 中心：ELIXIR 中心就像总部一样，协调整个 ELIXIR 的工作。ELIXIR 中心具有以下作用：①容纳行政管理人员和行政人员；②负责制定和交付 ELIXIR 的科学战略并管理节点执行的委托服务；③协调和支持 ELIXIR 的治理机构和技术委员会；④与其他生物医学科学基础设施合作，帮助共同应对大数据的挑战；⑤领导 ELIXIR 的沟通和对外关系活动；⑥支持节点内的机构；⑦与国家和欧洲的资助者和政策制定者合作。

ELIXIR 节点：ELIXIR 的每个成员状态都建立一个"节点"。节点是在一个会员国内部工作的组织网络，是一个成员国内研究机构的集合。ELIXIR 节点负责部分的资源和服务运行。每个节点都有一个负责协调当地 ELIXIR 活动的牵头组织，如乌得勒支的荷兰生命科学技术中心（DTL）负责监督 ELIXIR 荷兰（荷兰节点）的工作。

4. 核心功能

ELIXIR 中的科学和技术活动由五个平台和多个社区管理。平台汇集了专家来定义策略并在特定领域提供服务，如培训、数据服务。社区聚集了在特定领域工作的科学家，这些科学家开发针对自己领域的服务。他们还对有关平台提供的服务进行反馈，以确保这些服务解决现实世界中的问题。

（1）平台

1）计算平台：研发出欧洲各地的研究人员可以访问、存储、传输和分析大量生命科学数据的方式。

2）数据平台：识别整个欧洲的关键数据资源并支持数据与文献之间的联系，如使从科学论文转移到论文所基于的数据集变得更加容易。其主要亮点如下：①ELIXIR 核心数据资源，存储对生命科学研究至关重要的欧洲数据资源，并致力于数据的长期保存；②ELIXIR 沉积数据库，推荐用于存放生命科学实验数据的存储库；③数据资源服务，随着节点最终确定或审查其服务交付计划而不断更新的列表。

3）工具平台：为研究人员提供寻找最佳软件来分析其数据的方法。

4）互操作性平台：建立可用于描述生命科学数据的欧洲标准，这使得不同的数据集更易于比较和分析。

5）培训平台：帮助科学家和开发人员找到所需的培训，并提供培训服务。

（2）社区

ELIXIR 社区汇集了来自 ELIXIR 内部和外部的专家，以制定 ELIXIR 的愿景，并协调其在特定生命科学领域的活动。部分 ELIXIR 社区如下。

1）3D- 生物信息：帮助理解蛋白质和 DNA 等大分子的 3D 结构。

2）星系：培育欧洲的银河社区以及银河资源和培训。

3）食品与营养：旨在帮助了解食物选择对人类健康的影响。

4）海洋宏基因组学：开发可持续的宏基因组学基础设施，以培育海洋领域的研究和创新。

5）代谢组学：提供资源、分析工具和基础结构，以帮助代谢物鉴定。

6）微生物生物技术：帮助开发定制的微生物和生物系统。

7）植物科学：开发基础设施，以促进农作物和树木物种的基因型－表型分析。

8）蛋白质组学：开发和维护可持续的蛋白质组学工具和数据资源。

3.2.2　欧洲开放科学云－生命科学领域

1. 概述

欧洲开放科学云－生命科学领域（EOSC-Life）为科学研究人员提供了广泛获取生命科学数据和工具的新途径，使得世界级的跨学科研究成为可能。EOSC-Life 的目标是将数据、工具、云端以及跨地域的研究者链接到同一个数字生物学的开放协作数字空间中，其持久影响将是数据驱动欧洲生命科学的一个重大变革。

通过欧洲开放科学云，工业界和学术界的科学家可以使用工具从先进的技术平台访问数据。这些工具允许跨学科和跨地域的整合，优秀的科研想法将不会受到地域和国家限制。在单个成员国层面上，EOSC-Life 同样具有巨大的潜在价值。泛欧标准、服务和培训方案的制定支持国家能力的一体化，使得人们对投资的协同作用和可持续性更加有信心。在 EOSC-Life 项目中，获取先进的生命科学基础设施是许多欧洲地区智能专业化战略的一个关键目标，这主要通过 EOSC-Life 在欧洲范围内的标准实施，以及利用建立的伙伴关系将这些标准进行全球化发展（如 MIAPPE、NIH Data Commons、GA4GH、RDA）。

EOSC-Life 汇集了 13 个生命科学"欧洲科研基础设施战略论坛"

（European Strategy Forum on Research Infrastructures，ESFRI）研究基础设施，为生物和医学研究创造了一个开放、数字化和协作的空间。该项目将发布 FAIR 数据和参与研究基础设施提供的服务目录，用于在欧洲开放科学云中管理、存储和重用数据。

2. 愿景和目标

EOSC-Life 的愿景是为欧洲生命科学、生物和医学研究创建一个开放的协作数字空间，直接解决关键的社会挑战并推动生物经济。

为了确保欧洲生命科学研究保持竞争力并促进对生命和疾病的理解，EOSC-Life 要求研究数据和数字服务遵从 FAIR 原则，即可查找、可访问、可互操作、可重复使用，而不受学科和地域的限制。欧洲生命科学数据的 FAIR 原则，对于确保生物医学研究成果的重现性、推动新的科学学科发展，并使欧洲生命科学研究基础设施的产出达到极致且实现可持续发展至关重要。

在 EOSC-Life 中，欧洲的 13 个生物和医学研究基础设施联手在欧洲开放科学云中为生命科学创建了一个开放的协作数字空间，将数据作为 FAIR 资源进行发布，将可重复使用的工具和工作流程与国家生命科学云中的标准化计算服务联系起来，将欧洲各地的用户链接到单一的登录身份验证和资源授权系统，并制定必要的数据政策，以维护和加深自愿提供数据和样本的研究参与者和患者的信任。

EOSC-Life 服务意味着欧洲科学家可以访问整个欧洲研究领域的高级数据服务、技术平台、样本和支持服务，同时需要完全遵守相应的道德法规要求，由此产生的数据通过 EOSC 进行开放访问，以供其重新使用。

在 EOSC-Life 中，对用户研究的公开呼吁将使 EOSC-Life 的大型用户社区能够采用高级数据管理实践，并在云端访问数据集成和大规模分析工具。协作平台以及开放社区和能力建设，将有助于培养生命科学研究中的数据科学技能。

3. 提供的服务

EOSC-Life（https://www.eosc-life.eu）服务示意图如图 3-5 所示，开放用户访问代表着数据驱动型生命科学的一大变革，这是基础设施研究第一次为科研工作者提供访问跨学科数据的途径，并得到以云计算和专业知识为基础的研究基础设施的数据专家、开发人员的大力支持和协助。 EOSC-Life 将打开国际研究基础设施数据资源的宝库，供面向国际领先科学的庞大科研用户群重复使用。

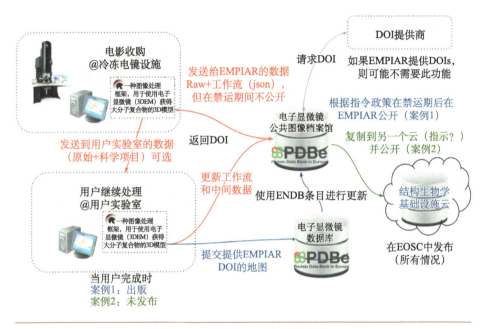

图 3-5　EOSC-Life 服务示意图

3.2.3　环境研究基础设施

1. 概述

环境研究基础设施（Environmental Research Infrastructures，ENVRI）提供来自地球系统不同组成部分的高质量、公开和 FAIR 的现场数据。ENVRI 定义的环境领域研究基础设施涵盖了复杂地球系统的主要四个子领域（大气、海洋、固体地球和生物多样性 / 陆地生态系统），从而形成了欧洲环境和地球系统研究基础设施的集群。ENVRI 是环境科学家寻求理解和解释复杂地球系统的重要支柱，他们是欧洲从现场和天基观测系统收集最全面的环境研究数据的生产者和提供者。ENVRI 为欧洲和世界各地提供相关信息，对全球观测系统都有贡献。

开发研究基础设施是为了响应特定研究社区的需求，并认可特定学科的个别要求和方法。然而，数十年来，跨学科合作的必要性已显而易见。因此，ENVRI 社区在 ENVRI 的集群项目（2011—2014 年，FP7）中进行了越来越多的合作，这为 ENVRIplus 项目（2015—2019 年，Horizon 2020）铺平了道路。ENVRIplus 收集了地球系统科学领域的所有子域开展合作，不仅推动了各个学科的进展，而且增强了跨学科研究基础架构和子域之间的互操作性。

2. 体系架构

技术资本：是指测量、观察、计算和存储的能力。需要材料、技术、传感器、卫星、浮子等设施；集成并进行分析、建模和处理的软件；建立观测、计算、存储平台和网络。

文化资本：从其他研究基础设施开放访问数据、服务等。需要规则、许可、引用协议、IPR 协议、机器与机器交互的技术、工作流、元数据、数据注释等。目标是统一标准理解、系统方法；研究基础架构在政策层面上作为社区促进共同合作。

人力资本：使这一切起作用的专家，通常包括数据科学家和学科科学家。学科专家的需求并没有消失，但是要应对社会和环境挑战，就需要具有真正跨学科科学能力的专家，他们需要在典型的科学边界之间开展工作。

3. 核心功能

环境研究基础设施可提供来自地球系统不同组件的高质量、开放和公平的现场数据。

研究 FAIR 的研究基础设施旨在定义影响地球大气成分的过程——从低层对流层到磁层。

研究地球生命的研究基础设施侧重于生态系统以及影响其生存能力的生物，物理和化学过程之间的相互作用。

许多研究基础设施都在水中运行，研究涉及从海底到地表的海水、河流和湖泊中的淡水，以及被称为冰冻圈的固体形式的水。

还有一些研究基础设施正在研究土地，从最深的地球内部结构和动力学，一直到地球表面的农业、城市或原始土地。

地球不是一个孤立的系统，土地、空气、生物和水正在相互作用。因此，许多研究基础设施都在研究涉及其中一些要素的现象。

ENVRI 社区合作代表了一种强有力的整体研究方法，用于研究地球系统，促进了科学知识的发展，这对于应对影响社会和地球迅速的全球变化是必不可少的。

4. 实施思路

（1）技术推动

例如，体现在分辨率不断提高的检测器和传感器上的技术创新可以对科学现象进行更深入地观察，这对于更好理解整个系统至关重要。此外，信息技术的创新（如馆藏的数字化）也可以在系统级别上释放资源。

（2）需求拉动

如今，科学家所面临的问题（不仅是出于好奇，而且还源于政策和社会需求）无法使用传统的信息资源来解决。如果无法获得相邻学科的信息，科学家所能给出的答案将变得越来越局部和不完整，因而导致开创性更少。由于全球化，科学也在经历着规模的扩大。建立和管理大数据与信息存储库通常需要国际上的努力，从"欧洲研究基础设施战略论坛"等研究资金的不断增加中也可以看出这一点。

（3）资源整合

众多领域的研究人员从未拥有如此丰富的资源可供使用，这些全球可用资源的整合进一步推动了系统级的研究。电子科学作为系统级科学的重要贡献是其整合信息的潜力。

（4）科学整合

总体而言，科学的这些发展为将地球作为一个综合系统提供了绝佳的机会，并着眼于相关科学，如社会科学和生命科学。

3.2.4 综合碳监测系统

1. 概述

大气中的温室气体水平不断上升，导致地球升温。观测温室气体排放水平对于预测气候变化和减轻其后果至关重要。综合碳监测系统（Integrated Carbon Observation System，ICOS）是一个泛欧研究基础设施，用于量化和了解欧洲温室气体平衡。截至 2023 年 4 月，ICOS 提供了来自 16 个欧洲国家 170 多个观测站的标准化和开放数据。这些观测站观测大气中的温室气体浓度以及大气、陆地表面和海洋之间的碳通量。因此，ICOS 植根于三个领域：大气、生态系统和海洋。ICOS 的任务是收集高质量的观测数据，并促进其使用，如建立温室气体通量模型；ICOS 的使命是进行标准化、高精度和长期的观测，并促进研究以了解碳循环并提供有关温室气体的必要信息。

ICOS 社区由其现有成员国和观察国以及其他国家的 500 多名科学家组成，包括 70 多所知名大学或学院。ICOS 社区与 ICOS 以外的同事和运营商有着密切的联系。社区基于 ICOS 的知识，支持应对气候变化及其影响的政策和决策。

2. 目标定位

ICOS 的任务是进行标准化、高精度和长期的观测，并促进相关研究，以了解碳循环和提供必要的温室气体信息。ICOS 将研究、教育和创新联系起来，促进与温室气体有关的技术发展和示范。通过 ICOS 的高精度数据，能够实现其支持应对气候变化及其影响的政策和决策的目标。

提供高质量的欧洲气候数据。ICOS 是一个研究基础设施，它诞生于欧洲科学共同体的宏伟构想，即在完全相同的技术和科学标准下运行一个一致、持续的测量网络，以实现高质量的气候变化研究并提高研究数据的可用性。

ICOS 汇集了欧洲高质量的国家研究和测量站，并通过协调和支持，构成了一个为科学家和社会服务的全欧洲研究基础设施。作为"欧洲研究基础设施战略论坛"的里程碑，ICOS 为欧洲研究领域做出了宝贵贡献，是欧洲优秀的长期科学和创新的一部分。

　　支持气候行动和决策。ICOS 数据有助于描述地球系统及其对气候变化和其他环境挑战的反应。ICOS 数据产生了科学知识，推动了联合国可持续发展目标和欧盟社会挑战的实现，特别是与气候变化有关的挑战。ICOS 积极向社会传播与气候行动和决策有关的科学知识。2019 年 12 月以来，ICOS 一直是《联合国气候变化框架公约》（United Nations Framework Convention on Climate Change，UNFCCC）的观察员。作为观察员，ICOS 帮助《联合国气候变化框架公约》实现其目标，即就《巴黎协定》概述的缓解和适应气候变化的行动达成全球共识。

3. 愿景和战略规划

　　ICOS 战略是根据"欧洲研究基础设施战略论坛"的长期可持续性原则制定的，其目标是为欧洲的碳循环科学和量化温室气体排放提供高度标准化、可靠的现场数据和详尽的数据产品。

　　及时提供易于获取的高质量数据是最好的鼓励，因而进一步开发基于 ICOS 数据的 ICOS 服务是当下最紧急的任务。ICOS 的主要愿景如下：在 21 世纪 20 年代后期，ICOS 能达到最先进的水平，可为广泛的用户提供高质量和相关的数据，用户可将这些数据转化为科学突破和气候行动知识。ICOS 以其备受推崇的数据和知识支持国际倡议，进一步扩大了 ICOS 的社会影响和相关性，造福于整个社会。

　　除上述愿景外，ICOS 还有其他的任务需要落实：发展 ICOS 社区，开发稳定的数据基础设施，通过国际合作增强影响和社会相关性，促进当前和未来的科学发展。

4. 服务及工具

　　ICOS 数据门户提供有关温室气体的观测数据和数据产品。ICOS 数据能够达到甚至有时超过大气、生态系统通量和海洋温室气体观测的全球标准。有关观测和元数据的所有信息都存储在持久可信的长期存储库中，以供现在和将来使用数据。数据以数据集合形式提供，并根据知识共享署名 4.0 国际许可（Creative Commons Attribution 4.0 International licence，CC BY 4.0）获得许可。数据可在数据门户网站上获得，ICOS 支持所有数据产品一站式访问。除了在数据门户提供免费的温室气体数据外，ICOS 还提供数据可视化、分析和管理服务，以及支持虚拟研究环境中的合作。

3.2.5　AGINFRA+

1. 概述

AGINFRA+ 旨在展示如何使用核心电子基础设施服务和资源来支持农业和粮食领域未来的科学前景，是欧洲研究电子基础设施 EOSC 的一部分。AGINFRA+ 将发展成为一个支持大数据分析的农业食品电子基础设施，展示由共享数字基础设施支持的数据密集型科学工作流。AGINFRA+ 通过利用D4Science、EGI.eu、OpenAIRE 等核心电子基础设施推动 AGINFRA+数据基础设施的发展，从而为农业与食品科学领域提供可持续的发展渠道。AGINFRA+ 解决了支持用户驱动的创新电子基础设施服务以及应用程序设计和原型的挑战，该项目极力尝试满足从事与农业和粮食有关的多学科和多领域问题的科学和技术界的需要。

2. 实现目标及愿景

AGINFRA+ 旨在利用核心电子基础设施服务和资源来实现农业和粮食领域未来的发展。AGINFRA+ 将基于共享数字基础设施支持的数据密集型科学工作流，发展成为一个支持大数据分析的农业食品电子基础设施。为此，该项目将开发并提供必要的规范和组件，以允许快速、直观地开发各种数据分析工作流，其中数据存储和索引、算法执行、结果可视化和部署的功能利用基于云的基础架构。

通过利用现有的电子基础设施和服务，开发农业食品数字科学研究实践的创新方法；促进对 VRE 的利用，为指定的社区领域的研究人员提供对研究任务所需的数据、服务和设施的精确访问。

AGINFRA+ 是欧洲研究中心和主题资源整合平台，针对"地平线 2020"项目开发的，与农业、食品和环境相关的可发现出版物、数据集和软件服务进行分类和加工。AGINFRA+ 是欧洲研究电子基础设施项目 EOSC 的扩展和延伸，基于 OpenAIRE、EUDAT、GÉANT、EGI、欧洲研究型图书馆协会之间的协同合作。通过集成来自欧盟"地平线 2020"的大数据欧洲项目和欧盟第七框架计划的 SemaGrow 等项目的大数据处理组件，AGINFRA+ 将发展成为一个能够进行大数据分析的农业食品电子基础设施，以满足健康、食品安全与可持续农业、气候变化和环境社区用户群体的需求。

3.2.6 迈向农业开放科学的电子基础设施路线图

1. 概述

迈向农业开放科学的电子基础设施路线图 (Towards an e-infrastructure Roadmap for Open Science in Agriculture，e-ROSA)，其战略目标是通过设计和奠定长期计划的基础，为欧盟政策提供指导，旨在实现农业开放科学的电子基础设施，使欧洲成为全球范围内农业开放科学领域内的研究和创新前沿的主要参与者。e-ROSA 将农业食品领域的各种科学家和基础设施利益攸关方聚在一起，共同制定未来十年电子基础设施的发展路线图以适应更大的发展。e-ROSA 的指导理念是"分享，链接，协作"。

2. e-ROSA 的电子基础设施定义

电子基础设施的定义是 e-ROSA 项目的关键。电子基础设施通常被描述为：数字技术（硬件和软件）、资源（数据、服务、数字图书馆）、通信（协议、访问权限和网络）以及管理它们所需的人员和组织结构的组合。

一般来说，基础设施应具备以下条件：①确保链接的科学仪器、软件可以被发现并共享它们产生和管理的数据；②确保其提供存储、计算和链接设施，使数据和设备的可发现性成为可能；③确保其提供核心业务服务并遵守标准，以确保不同系统可以互相交流和交换数据；④确保参与的设备、数据和服务有权限，并遵循最低标准；⑤确保其全天候启动并运行，通过商定的服务水平协议提供约定的服务质量。

基础设施应具有以下要素：建立在社区基础上；可持续发展的商业模式；需要一个技术骨干，能够轻松托管各种服务；包含对社区有用的各种服务，可以互操作，但不一定彼此链接或相互依赖。

（1）社区

基础设施通常是以社区为基础的。一个城市有基础设施，一个地区或一个国家也是如此。基础设施是强耦合或松耦合的。即使在一个基础设施内，也会有或多或少具有约束力的合作协议的机构网络。

（2）治理与商业模式

没有商定的治理、清晰的商业模式和产权，任何基础设施都是不可持续的。治理和业务模型需要明确社区不同组件的角色，以及能够维持基础设施的收入流。

（3）技术支撑

就像交通基础设施需要公路、铁路、造船厂和汽车工厂一样，研究基础设施也有类似的需求，可以分为基本网络服务和机器执行基础设施操作。重点有：高速云与网格链接；具有足够的分析、存储和备份能力的计算中心和分布式计算能力；与实验室和其他研究设备的有效链接；与遥感和卫星等地球观测设施的有效链接；收集数据的设备。

（4）服务

服务必须考虑用于创建、共享、发布农业数据的网络环境，以及用于处理与转化为可操作性工具和方法，这些知识和方法将能够应对巨大的农业挑战。基础设施内的服务包括从生产到精化、存储、分析和存档数据的整个过程。它们构成了一个可持续的虚拟工作环境，由电子/网络服务（数据、计算、存储、处理、分析等）组成，支持在特定领域或特定类型的工作中为最终用户提供完整的、数据密集的工作过程。基础设施内的服务可以由合作伙伴提供，作为其业务运作的一部分，或由社区维持的设施提供，这些设施具有商业和可持续性模式，供任何服务运作。

3. 电子基础设施架构

目前的挑战在于，保持前端和服务的可变性以及以用户为中心的要求，同时实现电子基础设施中越来越多的资源提供者和用户之间的互操作。很明显，这不能由一个或一些集中的处理单元实现，而是由基于策略和语义的公共协议的松散耦合服务组成的电子基础设施实现。该基础设施需要完全开放，以适应新的需求、服务、合作伙伴或资源。e-ROSA 建议的电子基础设施架构如图 3-6 所示。

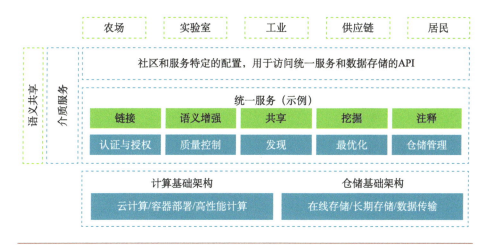

图 3-6　e-ROSA 建议的电子基础设施架构（Panagiotis et al.，2018）

未来，电子基础设施建设的下一步是，将不同社区的成果和资产纳入跨社区和跨域使用的公共横向服务池。其中，一些横向服务甚至不是特定领域的（如计算基础设施或存储管理），可以在 EOSC 级别交付。然而，由于不同的学科有不同的视图和需求，可用的横向服务将通过基于给定服务的特定社区配置的特定实例提供给用户。

从技术角度来看，e-ROSA 愿景集中在帮助食品系统中的所有参与者在任何地方、以任何方式获取信息，并以他们想要的任何方式处理和共享信息。通过对农业食品部门当前的技术状况分析可以看出，虽然数据和知识共享是实现社会、经济和环境目标不可或缺的组成部分，但其固有的异质性带来了重大的技术挑战。

3.2.7 AgGateway

AgGateway 是一个全球性的非营利组织，其成员开发相关标准和其他资源，以便有关公司能够快速访问信息。AgGateway 致力于促进和实现农业向数字农业的过渡，并扩大信息的使用，以最大限度地提高效率和生产力。AgGateway 的使命是发展推动全球农业和相关行业数字链接的资源和关系，主要致力于标准实施，它提供了一个协作环境，在这个空间内，可以处理行业面临的紧迫互操作性问题。AgGateway 网站首页（https://www.aggateway.org）如图 3-7 所示。

图 3-7　AgGateway 网站首页

AgGateway 农业领域论坛，主要专注于可追溯性、现场操作的互操作性、土壤测试标准、库存管理等活动。

农业行业识别系统（agricultural industry identification system，AGIIS）包含农业电子商务参考数据，致力于指导数百家农业综合企业每天使用的强大资源系统的维护和改进。协调各个部门的电子商务规则，促进数字资产的实施。简化业务流程操作以提高产品管理、库存控制和跟踪产品的能力，通过在贸易伙伴之间建立数字链接以提高订单到销售报告的效率和准确性，进而简化作物保护供应链。

农业数据应用程序编辑工具包（Agricultural Data Application Programming Toolkit，ADAPT）作为一个开源工具包，旨在通过轻松实现不同软件和硬件应用程序之间的互操作性，消除广泛使用精准农业数据的主要痛点。

AgGateway 的一站式农业语义词汇表（AgGlossary），致力于记录和推荐数据扩展，围绕元数据展开农业术语的研究。通过定义数据标准和改善现场工作记录中的产品标识达到对作物和种子的可追溯性。

AgGateway 的航空影像项目能够定义元数据标准，促进航空影像的元数据研究，促进用户从他们收到的影像中获得最大的价值，如干旱、病虫害等数据。

AgGateway 的精确农业灌溉标准可以更快、更轻松地交换数据，帮助种植者和专家评估天气、土壤和农作物数据，从而做出更明智的决策，以实现更智能的能源和用水。

在数据共享交互方面，Milking Robots 是 AgGateway 根据国际动物记录委员会（The International Committee for Animal Recording，ICAR）的倡议开发的标准交换接口，农民将受益于更便捷的挤奶和喂养设备之间的数据交换。AgGateway 希望开发一种标准接口，以便家禽等生产使用计算机交换数据，如气候计算机以及饲喂、称重和计数系统计算机等。AgGateway 将支持机械制造商在马铃薯生产链中实施数据共享，目标是通过实施机器数据交换标准来支持马铃薯种植、收获和储存中的精确农业。

3.2.8　欧洲植物表型组学会

1. 概述

EPPN2020 是由欧盟"地平线 2020"计划资助的一个研究基础设施项目。该项目将为欧洲公共和私营科学研究部门提供一系列先进的植物表型设施、技术和方法，并帮助促进开发可用于作物改良的遗传和基因组资源，是一个以植物表型为中心的重点基础设施。

EPPN2020 的具体目标是促进整体的发展，包括传感器和成像技术、与环境条件相关的数据分析、数据组织和存储、数据注释和植物组织在不同维度下不同器官的实验数据分析等。

2. 体系架构

（1）项目协调与管理

在总体进度、可交付成果和计划资源方面，确保项目进度符合工作计划。通过优化基础设施，以支持 EPPN2020 项目，并特别注意财务、物流、信息、协调问题，以确保质量符合规则和程序。

（2）用于环境和工厂测量的新技术和方法

提高不同平台间环境表征的可靠性和一致性，通过利用有效的动态图像捕获和分析技术，最大限度地提高基于图像方法的有效性；利用工厂结构的 3D 模型来支持传感器的动态部署，从而提高基于传感器方法的处理量。确定一致的校准程序和信息，以了解不同平台进行的测量与错误纠正之间的关系。通过联合实验确定可用方法的互补性。

（3）跨平台的表型实验设计和分析

开发了跨平台和规模化植物组织进行表观性实验的统计分析工具，使表型研究朝着标准化的统计分析迈进，促进来源于多个平台和规模化测量数据的综合分析。

（4）在不同节点中构建一致的信息系统并定义标准化策略

基于多种植物的高通量表型数据，设计并提供方法和可视化展示，以便科学管理、充分共享和重用。此外，还提供了有利于数据集成、分析和共享的用户友好工具和强大的基础设施环境。

（5）管理机制

来自欧洲 15 个不同机构的 31 台最新设备代表了欧洲植物表型的多样化设

置，包括：提案由 EPPN2020 之外的独立科学家和相关跨国访问专家代表组成的小组进行评估；必须具有明确科学问题的学科和原始实验设计，从而将所获得的结果发表在高质量的期刊上。特别关注新的欧盟国家，年轻的科学家将为其提供使用基础设施并与植物表型鉴定专家互动的机会。

3.2.9　LifeWatch

LifeWatch 是一个研究基础设施，旨在通过让科学家获得数据、分析工具和最先进的虚拟实验室来支持生态系统研究和生物多样性领域研究。LifeWatch 与 EGI 合作：部署支持生态观测站数据管理、数据处理和建模所需的基本工具；评估支持虚拟实验室部署工作流所需的服务；支持市民参与救生员的观察记录，如上传和处理图像。EGI-LifeWatch 能力中心帮助 LifeWatch 社区充分利用 EGI 的资源、设施和专业知识。这项工作共产生七个 LifeWatch 服务，用于当前使用 EGI 联邦云计算资源生产中的数据管理和建模。LifeWatch-ERIC（https://www.lifewatch.eu）是一个欧洲研究基础设施联盟，为调查生物多样性以及生态系统功能和服务的科学家提供电子科学研究设施，以支持社会应对关键的地球挑战。

（1）目标定位

为满足政策制定者、管理者和利益相关者对科学研究工具的需求，LifeWatch 通过长期投资，帮助他们了解生物多样性以及生态系统服务的演变和功能。针对直接导致生物多样性和生态系统功能持续丧失的全球因素（气候、人口压力、污染、土壤消耗等）影响当今社会发展的现状，寻求解决方案。LifeWatch-ERIC 寻求利用高性能、网格和大数据计算系统，以及开发先进的建模工具以实施旨在保护地球生命的管理措施，来了解物种与环境之间的复杂相互作用。

结合广泛的信息与通信技术（Information and Communications Technology，ICT）工具和领域的深厚知识资源，LifeWatch-ERIC 的使命是要成为生物多样性研究领域的"一流"全球供应商：为大规模科学发展提供新机遇；利用创新的新技术加速数据捕获；支持基于知识的生物多样性和生态系统管理决策；提供培训，传播和认识计划。

（2）体系架构及核心功能

LifeWatch-ERIC 是由七个欧洲成员国建立的分布式研究基础设施联盟。LifeWatch-ERIC 的结构反映了其性质，在三个成员国中设有中心组件和公共设施，在所有其他国家中设有国家分支机构。LifeWatch-ERIC 的当前成员是比利时、希腊、意大利、荷兰、葡萄牙、斯洛文尼亚、西班牙等国家。此外，斯洛伐克以观察员身份参加。

LifeWatch-ERIC 主要是解决了影响生物多样性和生态系统研究的限制因素，如面对日益多样化的数据、更大更高级的模型、开放数据和开放科学云的迫切需求，从而有可能探索生态科学的新领域并支持全社会应对这一挑战。如图 3-8 所示，LifeWatch-ERIC 包含专业知识、开放和公平数据、语义资源和工具、大数据分析等服务功能。

图 3-8　LifeWatch-ERIC 提供的服务

3.3　数字科研基础设施建设启示

在数据密集型科研生态环境下，科学研究的协同创新对新型数字科研基础设施提出了新的要求。欧盟、美国、英国等世界各国都在积极推进数字科研基础设施建设，欧盟先后启动了 EGI、EOSC、OpenAIRE 等。2015 年初，欧洲网格基础设施提出"开放科学公地"愿景，提出要促进共享科学资源管理，帮助科研人员访问数据集、计算平台和分散的知识与技能，促进科研产出并最大限度地实现科研成果转化。2015 年 3 月，"促进 EGI 社区迈向开放科学公地"（EGI-Engage）项目启动，旨在扩展欧洲在计算、存储、数据、通信、知识和技能方面的重要联合服务能力，进而加速实施开放科学共享愿景，让所有学科的研究人员都能轻松、开放地访问他们工作所需的创新数字服务、数据、知识和专业知识。同时，为积极响应"开放科学公地"愿景，欧盟委员会启动了 EOSC 建设，将包括 EGI、EUDAT、PRACE 等在内的欧洲现有的信息化基础设施和数据资源链接起来，通过制定合理的数据保护、开放接入等政策，打造一个数据共享和再利用的统一的信息化基础设施环境，从而促进多学科创新，实现欧盟科技创新的投入最大化（张娟等，2018）。EOSC 进一步推动了开放科学的实现，将先前形成的开放获取范式（应用于知识和数据）扩展到超越情境的资源共享（如项目、社区等），形成一个为研究者、科学家、企业和公众服务的开放"集市"。

由此可见，大数据和开放科学开启了科学研究的新时代。在开放科学的推进过程中，建立和完善涵盖网络和计算资源、科学数据、工具等在内的新型数字科研基础设施是科技创新的当务之急（吴建中，2018）。建设整合的数字科研基础设施，有利于克服数据孤岛现象，增强信息交流，让更多的人参与到科学研究中，形成共同攻克难关的良好环境，促进研究过程中的科研成果实现共享，提高科研及其成果转化的效率（孙坦等，2020）。为了应对当前各学科研究领域所面临问题的空前复杂化，需要利用新一代网络技术和计算环境建立新型数字科研基础设施，逐渐实现开放科学科研环境下，科研人员可以便捷地利用科技文献、科学数据、分析工具等，使科学研究向更加开放协同的方向发展。

3.3.1　强化云计算关键技术的应用

建设统一的数字科研基础设施，有助于打破区域和行业间的数据和信息藩篱，增强学术交流，让更多的人参与到科研过程中，形成良好的开放科学生态体系（刘文云和刘莉，2020）。欧洲借助云计算关键技术，链接分散在不同学科和成员国之间的科学数据基础设施，为欧洲研究人员和科学技术专业人员提供了一个免费、开放和无缝的虚拟服务环境，使科学数据的访问更容易、便捷、有效。

目前，我国数字科研基础设施的建设缺少统筹规划，尚未建立全学科、全门类统一的开放科学平台，以实现政府、科研机构和企业之间科学数据的共享。在开放科学的推进过程中，建立和完善能够确保资源流通的数字科研基础设施对于实现我国创新驱动发展战略起着至关重要的作用。EOSC 为我国数字科研基础设施的建设提供了一个可供参考的方案。我国在建设统一的数字科研基础设施时，可以充分借助云计算关键技术的优势，整合国内现有数字基础设施，构建统一的数字资源共享与交换体系。推动资源的互联互通，实现跨地域、跨层级、跨学科的科研资源的协同管理与服务。同时，要加快建立各类标准与规范体系，建立标准化的开放格式和元数据描述格式、制定统一的资源标识符，采用统一的数据传输协议和科学计量标准，并通过监督指导加强执行力度。

3.3.2 强调遵循数据的开放获取和 FAIR 原则

开放获取和 FAIR 原则是提高学术数据可重复使用性的指导原则，其作为一套国际化方法，突破数据开放获取的设定（段青玉和王晓光，2019），强调以开放的结构化元数据及可互操作的机器可读数据格式来推进数据再利用，应用对象由传统数据扩展至算法程序、工具软件和工作流程（邢文明等，2021）。

科学家需要一个共享的科研环境，以允许他们查找、访问、重用和组合数字对象，包括数据集、工作流、软件等。因此，数字科研基础设施内的所有资源和服务必须遵循 FAIR 原则，FAIR 数据生态系统是大规模协作研究环境的必要基础。特别是，需要共享的元数据和语义来标准化、描述和注册资源及其关系。为了协调实践，需要制定和发布关于如何使用数据 FAIR 的指导方针和操作指南，在指南中建设与每种资源类型关联的元数据。通过适当的技术解决方案来遵循和促进 FAIR 原则，是扩大数据分析覆盖整个利益相关者和数据提供者范围的一个重要因素。

3.3.3　注重数据和服务间的互操作性和标准化

数字科研基础设施发展的一个关键方面是确保数据集和服务之间的互操作性。这一方面要求使用一致和标准化的格式来描述数据、资产和服务，另一方面要求在描述模式和形式化之间进行细粒度的映射，以便在不违反链接和协作原则的情况下实现跨科研社区交互。从环境中收集数据的传感器并对生成的数据使用不同的格式，同时，智能农具中使用的标准和协议的多样性以及测量单位的不同导致了农业应用中的互操作性问题。除了数据表示和标准的差异之外，这种异质性还扩展到了收集、生成、处理和共享信息的工作流、方法和实践。各个学科领域都面临不同的问题，必须使用机器可读标准表示丰富概念和信息。

标准是收集、管理和组织数据的明确指南，其有多种形式，包括词汇表、分类法、测量协议、数据模型和设备接口等。标准化、语义丰富和关联信息强大的数字科研基础设施将允许先进服务的设计和实现，用于转换和组合来自不同学科的数据和方法，为跨学科、跨地域的发展奠定基础。这些新服务可以通过适当的 API 服务进行使用和访问，强大的标准和现成工具的存在将鼓励工业和企业创造与发展服务，使整个农业价值链具有数据和服务间的互操作性。

以 EOSC 为代表的新一代数据与计算平台建设十分重视互操作性和标准化，多采取了开放、开源的模式，并大力鼓励公私合作和全球合作（张娟等，2018）。例如，大型强子对撞机计算网格（worldwide LHC computing grid，WLCG）就采用了全球合作单位之间共享科学计算资源的方式来实现海量数据的处理和分析。瓦赫宁恩大学及研究中心致力于研究如何建立数据基础设施来管理私人农户数据，保留隐私和数据所有权，同时保持数据的可访问性，以便进行创新和研究。

3.3.4　重视基础设施建设的整体统筹和长期可持续性

无论是国家级数字基础设施规划，还是以重大科学计划为依托的数据与计算资源建设，都十分重视整体统筹和长期可持续性。例如，EOSC、非洲开放科学平台或澳大拉西亚范式（Australasian paradigm）等，都旨在建立一个协调中心，使其所在区域可以无障碍地使用和获得科学信息与研究服务。EOSC 和相关的欧盟人脑计划 ICT 平台都是顶层设计的结果，因为自上而下的整体统筹有助于各类部署更加有机的关联、匹配与衔接，整合和协调了相对分散的资源，也避免了重复建设的问题。这些平台十分重视长期可持续性和可扩展性，实施理念务实。它们大多瞄准中长期（至少 10 年）进行规划，采取分阶段开展、逐步推进的灵活模式，以便及时对目标和任务进行调整，纳入新出现的理念和技术，确保平台的升级和扩展。分阶段建设还能更好地应对全球科研创新及科研模式的发展变化，及时与国家的科研创新规划接轨，为科研创新提供最大助力。例如，EGI 项目的第二阶段 EGI-Engage 于 2015 年启动，是为了加速实现 EGI 而于 2014 年底提出的"开放科学公地"愿景，同时面向正在进行的 EOSC 项目。

此外，对于数字基础设施的用户来说，大量执行类似操作的相关服务应该是不透明的。也就是说，服务应通过一个公共接口进行抽象，通过执行相同的操作统一不同的独立服务。例如，不同的已建立的身份验证和授权机制将通过一个公共链接点公开，该链接点将基于用户凭据与实际的授权服务进行通信。为了确保预期的数字基础设施的长期可持续性，重要的是预见应纳入生态系统的新服务和工作流的出现。因此，自动化服务集成接口机制的创建至关重要，因为这种方法将促进电子基础设施的向后和向前兼容性，并确保其与技术和研究进展同步。

第**4**章

数据密集型科研典型
应用案例及启示

尽管数据密集型科研的特征和理论基础早已出现，但其真正得到关注还是得益于大数据时代的开启。随着大科学装置的投入，计算机和互联网技术的飞速发展，加上新兴的移动互联网、云计算、人工智能等技术突飞猛进的发展，各行业各领域产生的数据呈现指数级增长。数据的剧增和信息技术的快速发展推动着科学研究向数据密集型科研转变。数据密集型科研范式被广泛应用于各个学科领域，包括以综合性和交叉性强、研究周期长为特征的农业学科领域，以大科学装置投入多、数据量庞大为特征的天文学领域，以及以数据开放共享为特征的生命科学领域。各学科领域也产生了众多数据密集型科学研究典型应用案例，本章选取不同学科领域的典型案例进行详细分析，为读者展现数据密集型科研范式在各学科领域应用的现状。

4.1　数据密集型科研典型应用案例

4.1.1　地球大数据科学工程

地球和环境科学是一门与人类和人类社会发展密切相关的历史悠久的自然学科，包含一切与地球有关的科学。其研究包含大气圈、水圈、岩石圈、生物圈和日地空间的地球系统，涉及气象学、地理学、海洋学、土壤学和水文学等学科领域，几乎辐射到了自然科学的其他各个领域。地球科学领域同样属于数据高产的研究领域，随着大型仪器设备的不断投入以及各种监测、探测手段和方法的不断改进，该领域产生的数据呈现指数级增长趋势，数据密集型科学研究的特征越发明显，第四科研范式下典型案例不断涌现，其中最典型的是地球大数据科学工程。

地球科学大数据的来源多样，如野外调查、钻井、地探、物探、化探、计算机模拟、物理模拟、化学测试、镜下观察和空间观测（董少春等，2019），这些活动产生形式各异、种类繁多、来源复杂的地球大数据。地球科学大数据涉及地球的各个圈层，是研究地球的形成与演化，生命的演化与发展，矿产资源的形成、开发与利用，自然灾害动态监测与预警预报，以及全球变化，资源、环境可持续发展的数据基础。从数据内容来分，地球科学大数据可分为地质基础数据、矿产数据、物探数据、化探数据、遥感数据、地质灾害数据、环境数据、水文地质数据、测绘数据等。

地球科学大数据的重要价值不仅是其数据量的巨大，更在于利用大数据技术分析和挖掘数据的内在联系与特征，真正实现"让数据说话"的可能性。大数据关键技术主要包括云计算、人工智能和可视化技术等。

随着数据量的不断增加，分析手段和技术的不断发展，地球科学的研究从最初的描述性科学逐步走向定量化研究。越来越多的应用研究以地球科学大数据为基础，利用大数据分析技术对数据进行整合，着重挖掘数据的内在联系和相关性，在全球动力学研究、成岩成矿预测、地质灾害的预警预报与灾害评估、生命的演化、古地理环境重建、综合地质信息服务平台的建设中发挥了重要作用。

中国科学院 A 类战略性先导科技专项"地球大数据科学工程"于 2018 年 1 月 1 日正式立项，执行期 5 年，如图 4-1 所示。目标是建成国际地球大数据科学中心，更多地开展地球科学研究，主要研究任务包括：构建全球领先的地球大数据基础设施，突破数据开放共享的瓶颈问题，实现资源、环境、生物、生态等领域分散的数据、模型与服务等的全面集成；形成国际一流的地球大数据学科驱动平台，探索大数据驱动、多学科融合的科学发现新范式，示范带动地球系统科学、生命科学及相关学科的重大突破；构建服务政府高层的决策支持系统，全景展示和动态推演"一带一路"可持续发展过程与态势，实现对全景美丽中国的精准评价与决策支持（李方生和赵世佳，2020），为构建数字中国做贡献。

当前，地球大数据共享服务平台集成多领域海量数据，是服务数据驱动的科学发现与决策支持的科学平台。该平台以共享方式为全球用户提供系统、多元、动态、连续并具有全球唯一标识规范化的地球大数据，通过建立数据、计算与服务为一体的数据共享系统，推动形成地球科学数据共享新模式。截至 2019 年 1 月，共享数据总量约 5PB，其中对地观测数据 1.8PB，生物生态数据 2.6PB，大气海洋数据 0.4PB，基础地理数据及地面观测数据 0.2PB；地层学与古生物数据库数据记录 49 万条，中国生物物种名录数据记录 360 万条，微生物资源数据库数据记录 42 万条，组学数据在线 10 亿条。

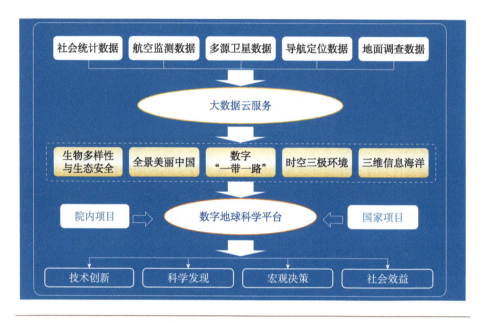

图 4-1　地球大数据科学工程（董少春等，2019）

地球大数据原型系统研制了一套集存储、管理、信息挖掘于一体的基础框架，开拓了一种全球视野大数据高度集成的决策支持和科学认知模式，形成了时空数据分析服务的地球大数据方案；突破了地球大数据开放共享的瓶颈问题，实现了地球系统分散数据的全面集成，建立了 50PB 存储、2PF 计算能力的地球大数据服务系统；揭示了生物物种演化、三极气候－生态系统协同变化等科学规律，推动了资源、环境、生物和生态等领域在技术创新、科学发现、宏观决策和知识传播等方面的重大成果产出。

4.1.2　第一张黑洞真实照片

近十几年，天文学一直是数据密集型科学技术和方法发展的最前沿，天文学本身就是建立在大量观测数据之上的学科，加上现代技术进步使得天文学研究对象能够覆盖从射电波段到伽马射线波段的整个电磁波光谱，以及中微子等非电磁波窗口，导致天文学数据爆炸式增长。

数据密集型科研范式的天文学研究成果中最广为人知的当属事件视界望远

镜（Event Horizon Telescope，EHT）项目产出第一张黑洞真实照片。有学者认为，2019 年 4 月 11 日，人类第一次对黑洞进行图像化表示，标志着科研第四范式——数据密集型科学正式走进大众的世界。在此之前，所有的黑洞图像都是遵循第三范式，通过仅有的一些数据和理论用计算机模拟出来的，如影片《星际穿越》中的"卡冈图雅"。而 2019 年公布的照片是建立在大量的、来自真实黑洞的数据之上的，是真实数据的可视化，是数据密集型时代科研成果的写照。

随着科学技术的发展，黑洞相关理论日渐丰富，研究者也获得了大量间接的观测证据，但由于距离遥远、黑洞致密且体积小等原因，人们一直无法一窥黑洞真容。EHT 最宏大的目标是直接获得黑洞的真实影像，同时验证已有的天体物理学理论。更多的研究正在围绕此黑洞开展，EHT 官方网站（https://eventhorizontelescope.org）公布了定标数据、成像管道等数据集获取通道，供相关研究人员使用，同时提供了相关学术成果列表。

EHT 项目正式开始于 2012 年，历经 7 年时间。为了能够拍摄距离遥远、体积小的黑洞，EHT 将分布于全球的一些射电望远镜联合起来，基于甚长基线干涉（very long baseline interferometer，VLBI）技术，组成一个基线相当于地球直径的特大射电望远镜阵列，极大地提高了分辨率，获得直接数据，最后成像，以便观测遥远的黑洞。但这一过程面临着以下挑战：

1）数据的传输和存储。EHT 作为一个基线相当于地球直径的特大射电望远镜阵列，其获取的数据量是巨大的。以目前的科技能力，难以保存所有信号。一种解决办法是对不同位置的信号做关联对比，即测量不同位置的电磁波干涉信号，将电磁波的载波频率（即 300GHz 的电磁波震荡）作为冗余信息时间去掉，从干涉信号就可以知道不同位置的波的相差。这个相位差包含了天体的样貌信息，也决定了分辨率。为了更有效地接收来自黑洞的射电信号，Vertatschitsch 等（2015）专门研发了 R2DBE 宽带数字后端，用于扩大数据的接收量。R2DBE 于 2015 年初分发到七个站点，使得截至 2015 年 3 月 EHT 能够收集每个极化 2GHz 带宽的数据。EHT 最终获取的所有数据庞大到无法通过网络传输，观测完成后，所有数据都通过硬盘空运到美国马萨诸塞州麻省理工学院的海斯塔克天文台以及德国波恩的马克斯·普朗克电波天文研究所进行处理。

117

2）各观测站点的协调管理。不同于以往天文观测项目基于一处望远镜或望远镜阵列，EHT 需要协调分布在全球各国、各地的望远镜。不同地区的望远镜接收来自黑洞的射电信号时会产生时间差。为了补偿无线电波抵达不同望远镜的时间差，超级计算机需要通过专门的算法，回放硬盘记录的数据，将所有数据集成并进行校准分析，否则无法获得理想的接收信号（李新洲，2017）。同时，为了保持时间同步，各观测站还使用了原子钟。

3）图像的处理。为了将来自全球的合计 5000 万亿字节的数据转化为图像，凯蒂·博曼及其团队提出了一种名为"使用补丁优先的连续高分辨率图像重建"（continuous high-resolution image reconstruction using patch priors，CHIRP）（佚名，2016）的新图像算法，可以过滤掉因大气湿度等原因引起的噪声和其他杂乱信息。凯蒂·博曼及其团队使用了三种不同的代码流水线，最终成功地将所有数据都拼在一起，转变成一张可以理解的图片。该算法由麻省理工学院计算机科学和人工智能实验室、海斯塔克天文台、哈佛－史密松森天体物理中心联合开发。在采访中，凯蒂·博曼表示，我们中没有人能够独自完成它，项目之所以能够成功，是因为来自不同背景的人汇集到了一起（李兰兰，2019）。这也体现了当代科学研究中的团队协作、跨学科等特点。

可以看出，EHT 在应对各种挑战的过程中，体现出了很明显的数据密集和数据驱动特征，计算机科学也在其中也发挥了无法替代的作用。

4.1.3　欧盟"人脑计划"项目

神经科学是指寻求解释神志活动的生物学机制，主要涉及细胞生物学和分子生物学机制的科学，探索神经回路如何感受周围世界、如何实施行为、如何从记忆中找回知觉等。神经科学领域最早开展系统理论、计算机科学、人工智能等方面的研究。该领域属于典型的数据驱动研究领域，需要大量数据来模拟生物大脑运行机制、探索生物认知行为等，是典型的数据密集型科学研究应用领域。

2013 年，欧盟启动了脑科学领域的旗舰技术项目"人脑计划"（Human Brain Project，HBP，https://www.humanbrainproject.eu），该项目是"人类基因组计划"取得成功之后的又一个重大科学研究挑战项目。该计划由瑞士洛桑联邦理工学院科学家"蓝脑计划"的发起者马克拉姆发起，是神经科学和信息科学相互结合的研究。HBP 由瑞士洛桑联邦理工学院负责统筹，联合欧洲 120 所大学参与，其主要研究领域分为三类：未来神经科学、未来医学、未来计算。该项目包括老鼠大脑战略性数据、人脑战略性数据、认知行为架构、理论型神经科学、神经信息学、大脑模拟仿真、高性能计算平台、医学信息学、神经形态计算平台、神经机器人平台、模拟应用、社会伦理研究等子项目（佚名，2015）。

HBP 的目标是建立一个能够为世界各国科学团体使用的作为科研合作工具的信息交流平台，该平台整合所有有关脑的结构和功能的知识与数据，在超级计算机上模拟大脑，让人们能够更全面地了解健康和疾病、大脑和脑部各种活动，通过各学科的相互合作，能够为神经科学、医药学和科学计算带来新的发展。HBP 力求实现四个目标：①在数据层面，构建海量的战略性数据，为脑图谱、脑模型的构建奠定基础；②在理论研究层面，识别不同级别大脑组织和它们在大脑中获取、表征、存储信息能力方面潜在的数据基本原则，探索大脑工作的原理；③在平台建设方面，开发 ICT 综合系统平台，为神经科学家、临床研究人员及技术开发人员提供平台服务，以加快其研究；④在应用程序开发方面，开发初级模型和原型技术，为基础神经科学、医学和计算机科学的应用发挥作用。

HBP 目前已经开发了六个 ICT 研究平台，包括神经信息学平台、大脑仿真（脑部模拟）平台、高性能分析和计算平台、医学信息平台、神经计算平台、神经机器人平台。其中，神经信息学平台可以访问与共享大脑数据，大脑仿真（脑部模拟）平台则通过计算机复制脑部结构和活动为科学研究提供参考，高性能分析和计算平台主要提供基于大量数据的计算和分析功能，医学信息平台可以访问患者数据、识别疾病特征，神经计算平台主要提供脑启发式计算，神经机器人平台主要使用机器人测试大脑模拟。

（1）神经信息学平台

神经信息学平台为神经科学界提供丰富的啮齿动物脑图集、人类大脑数据集以及注册数据和整理数据用到的工具，并为数据集提供元数据描述、数据导航、检索等服务。

（2）大脑仿真（脑部模拟）平台

大脑仿真（脑部模拟）平台包括一套用于协作大脑研究的软件工具和工作流程，以使研究人员能够重建和模拟详细的大脑多层次模型。大脑结构模拟图如图4-2所示[①]，从抽象模型到高度详细的分子和细胞模型，都可以在不同的描述级别上对模型进行仿真和重构。研究人员可以根据所考虑的科学问题选择所需的详细程度。此外，大脑仿真（脑部模拟）平台还为研究人员提供相关的工具，方便研究人员进行计算机模拟实验以验证模型，并进行实验室无法进行的调查。

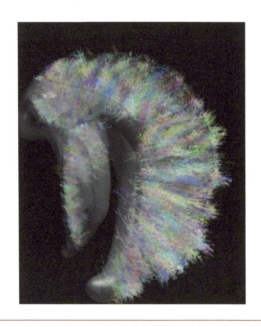

图 4-2　大脑结构模拟图

（3）高性能分析和计算平台

高性能分析和计算平台可以提供在超级计算机上运行的超级计算、存储、可视化和仿真技术。该平台支持科学家运行大型的、数据密集型的、交互

---

① Brain Simulation Platform moving to EBRAINS.https://www.humanbrainproject.eu/en/brain-simulation/brain-simulation-platform[2023-10-20].

式多尺度的大脑仿真，直至完整的人类大脑。管理模拟和实验中使用与产生的大量数据，以及复杂的工作流程，包括并发模拟、数据分析和可视化工作负载。

（4）医学信息平台

医学信息平台是一个全球开源平台，可让全球的医院和研究中心共享医学数据，使研究人员和临床医生能够访问和分析跨多个医院和研究中心联合的匿名多模式患者数据。医学信息平台使在线用户能够有效、准确地获取与脑部疾病相关的信息，并严格保护患者的隐私。该平台充当脑科学研究、临床研究和患者护理之间的桥梁，提供协作基础设施和工具，以改善人们对人脑的了解并定义疾病的生物学特征，从而实现更好的诊断，并改进治疗。此外，该平台还开发了一套工具来管理数据采集、处理和分析。

（5）神经计算平台

神经计算平台将生物神经网络的各个方面实现为电子电路上的模拟或数字副本，为神经科学提供一种工具，以了解大脑中学习和发展的动态过程，并将大脑灵感应用于通用认知计算。如图 4-3 所示 [1]，在 HBP 和欧洲脑研究基础设施（European Brain Research Infrastructure，EBRAINS）中，提供了两种大型的独特的神经形态机器，并已进一步开发供外部使用，同时将委托BrainScaleS-2 神经形态芯片进行使用。大型神经形态机器基于互补原理建立，位于英国曼彻斯特的多核 SpiNNaker 机器［图 4-3（a）］将 100 万个（advanced RISC machine，ARM）处理器与基于分组的网络进行了链接，且该网络针对交换神经动作电位（峰值）进行了优化。位于德国海德堡的BrainScaleS 物理模型机［图 4-3（b）］在 20 个硅片上实现了 400 万个神经元和 10 亿个突触的模拟电子模型。这两台机器都集成到 HBP 协作室中，并为其配置、操作和数据分析提供完整的软件支持。

---

[1]　BrainScaleS and SpiNNaker in the HBP and EBRAINS.https://www.humanbrainproject.eu/en/science-development/focus-areas/neuromorphic-computing[2023-10-20].

121

(a) SpiNNaker机器   (b) BrainScaleS物理模型机

图4-3 神经计算平台

神经形态机器的最显著特征是其执行速度。SpiNNaker 系统实时运行，BrainScaleS 为加速系统，实时运行 10 000 次。神经科学和计算领域的最新研究表明，学习和发展是神经科学和认知计算在现实世界中应用的关键方面。

（6）神经机器人平台

神经机器人平台通常是给一个真实的或模拟的机器人赋予一个虚拟大脑。大脑是自然界最惊人、最复杂、最强大的创造之一。但是，是什么使得大脑如此高效，如此灵活，如此智能呢？这不仅是复杂的"设计"，而且还有不断学习的能力。大脑使身体执行一个动作，然后身体感知到该动作的结果，最后大脑解释该结果并相应地改变其行为，从而使下一个动作更加有效。神经机器人就是在学习人类大脑的思考，不断获得更多的感知力，可以构建自己有效而强大的学习规则，几乎就像生物一样。将模拟的大脑链接到机器人身体的方式则提供了一种强大的机制来测试大脑模拟的逼真度。如果机器人的身体 / 模拟的大脑组合在给定测试环境中的行为类似于真实的动物，则将有助于确定大脑模拟的有效性。神经机器人平台是公共的、在线的，可供所有想要测试其大脑模型或构建未来受大脑启发的机器人的研究人员使用。HBP 希望神经机器人平台将完全改变新型机器人的设计方式。使用该平台，现在可以快速可靠地对其进行虚拟创建和测试，以便在准备好将它们构建为真实机器时就已经学到了很多东西，甚至可以真正智能化。

4.1.4　医疗大数据应用技术国家工程

医学水平与人类健康息息相关，医学的进步是人类健康生活的重要保障。生物医学作为人类重点关注的领域之一，是综合医学、生命科学和生物学的理论与方法而发展起来的一门新兴学科。近年来，随着先进仪器装备与信息技术广泛和深入地整合到生物技术中，生物医学研究中越来越频繁地涉及大数据存储和分析等信息技术。随着先进数据分析技术的不断推出和更新，生物医学数据迅速积累（张建英和何建成，2017）。基于此类大数据，一些以往不能解决的问题将有望被解决。同时，相关生物医学研究的新问题也层出不穷，迫切需要高通量、高效率、高准确性的生物信息存储和分析策略，呈现出由假设驱动向数据驱动的转变。

现阶段，生物医学大数据的研究正处于蓄势待发状态，适应于生物医学大数据的软硬件平台、大数据存储、大数据分析挖掘等方法（宁康和陈挺，2015）还不成熟，制约着生物大数据的研究。然而，一旦相关研究获得突破并有所优化和应用，将会全方位地支撑生物医学大数据的深入解构，进而有助于对医学现象的趋势分析和预测，服务于相关的遗传疾病研究、公共卫生监控、医疗与医药开发等广泛生物医学应用。为此，国家发展和改革委员会批复成立了医疗大数据应用技术国家工程实验室，为解决我国医疗大数据应用不充分、标准规范不健全、技术手段缺乏等问题，建设国际一流、国内领先的医疗大数据应用创新研发平台，并支撑开展医疗大数据整合管理、互联互通、互认共享、分析检索、标准规范、隐私保护等技术的研发和工程化。

医疗大数据应用技术国家工程实验室由中国人民解放军总医院为牵头单位筹建，2017 年 10 月 27 日正式启动。针对中国医疗质量监管、临床辅助诊疗、卫生经济分析、公共卫生政策评价水平不高等问题，实验室将建设成国际一流、国内领先的医疗大数据应用技术平台系统架构（图 4-4），以支撑开展医疗大数据整合管理、互联互通、互认共享、分析检索、标准规范、隐私保护等技术的研发和工程化。医疗大数据应用技术国家工程实验室加大了医疗大数据建设，增强了大数据技术和规范、基础设施架构的基础技术和应用技术在数据分析利用上的能力。具体表现如下：①临床诊疗，建立疾病风险预测预警、个性化诊疗、疾病相关因素分析、精准医学研究等功能；②卫生管理，建立医疗机构绩效考核、卫生政策评价、医保控费、医疗质量监管等体系；③公共卫生，建立传染病预测预警、个性化健康管理等系统。

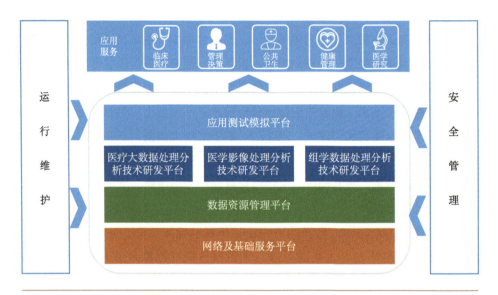

图 4-4　医疗大数据应用技术研究平台系统架构

建立原始数据与专病数据相结合的医疗数据资源库。一是汇集外部数据资源建立专病数据库；二是侧重关键大数据技术和人工智能技术在医学领域的应用。努力推动应用型技术创新，主要包括以下五个方面：①临床应用技术，建立临床知识库与决策辅助系统、医学影像人工智能辅助诊断系统；②卫生管理应用技术，建立医疗质量监管系统、全过程医保控费系统；③生命体征采集技术，研制血糖测量智能终端、可穿戴多参数监测设备；④公共卫生服务应用技术，建立智能分诊/导诊系统、个性化健康管理系统；⑤开发一组临床辅助决策智能化应用系统。

4.1.5　农业气候和经济建模

该研究的任务是，改进在动态和多变量气候变化条件下，农业生产及其对粮食生产和经济影响的历史分析以及短期和长期预测，汇集海量不同种类的观测数据以及农业、经济、生态生理和天气动态数据流。

将研究这些问题的研究人员聚集在一起,从不同角度(作物生产和农场管理方法、气候变化监测、经济生产模型、食品安全模型)加快用户驱动的创新是该研究的一项重大挑战。利用土壤、管理、社会经济驱动等因素和作物对气候的反应等特定的数据,实现由历史气候条件驱动的生态生理模型之间相互比较的可执行工作流程。模型之间的相互比较是预测未来气候影响和适应情景的基础,多模型、多作物和多地点模拟组合将与多气候情景相联系,将未来气候变化对当地、区域、国家和全球粮食生产、粮食安全和贫困的影响进行一致性模拟。

这项工作所需的数据来源由不同的社区成员开发,使用不同的系统进行处理,并在社区成员之间共享,从而带来了一系列与多因素相关的问题:不同的平台、多样化的数据管理活动、分布式数据处理和存储、异构数据交换等,以及分布式模型运行、数据存储、场景分析和可视化活动。因此,AGINFRA + 还将开发一个反应性的、密集型数据分析层,这将有助于发现、重用和利用在其他社区系统中以截然不同且不可预见的方式独立创建的异构数据源。

4.1.6　食品安全风险评估

在食品安全风险评估试点的背景下,AGINFRA+ 项目将评估 AGINFRA 组件在 FoodRisk-Labs 软件工具套件支持的数据密集型应用程序方面的有用性。这包括 FoodRisk-Labs 的扩展功能,以及处理大规模数据集、可视化复杂数据、数学模型和模拟结果,并将生成的数据处理工作流部署为基于 Web 的服务。

更具体地说,FoodRisk-Labs 将可以使用和访问 agfra 服务。这将有助于设计新的高性能食品安全数据处理工作流程,如从丰富的科学文献中有效地提取数据和模型。而另一个工作流程将生成易于维护的开放食品安全模型库(openFSMR),该模型库利用了 agfra 本体工程和开放科学出版组件。发布在 openFSMR 上的数学模型将被用于大规模定量微生物风险评估模拟,该模拟结合了预测性微生物模型、食品加工和运输模型、剂量反应模型和消费者行为模型。支持执行计算密集型模拟的 agfra 组件以及那些帮助提供模拟结果的组件将在这里应用。此外,预先配置的定量微生物风险评估模型将使用专门的

agfra 组件，部署为易于使用的 Web 服务。

新的 AGINFRA 基础设施将用于应对粮食安全具体问题的大数据挑战，即需要有效分析植物表型数据及其与作物产量、资源利用、当地气候等的关系，探索如何支持研究高通量表型以便确定对气候变化的适应性和耐受性。高通量植物表型的可视化如图 4-5 所示。设计适应不同环境条件的高产品种，包括与气候变化和新农业管理有关的环境条件；能够关联分析基因数据与表型性状，通过收集和分析来自高通量植物表型的数据，最大限度地提高作物性能，可以更好地了解植物及其在特定资源条件（如土壤条件和新气候）下的生长状况。这个试点项目将在数据密集型实验会话层中评估所提出框架的有效性，其中不同的处理步骤适用于不同的数据集，要求同步来自各种局部计算的结果，并使用非常大的或流式传输的原始数据或处理后数据。

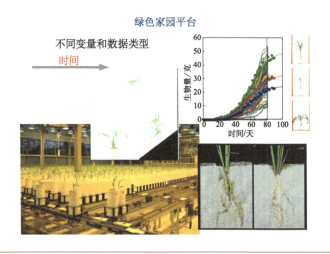

图 4-5 高通量植物表型的可视化

4.1.7 水稻计算育种

1. 概述

随着基因组测序成本的降低，在水稻分子遗传育种、遗传多样性及相关研究中，高通量测序成为基因组差异分析和基因克隆的主要手段，从而生成大量的基因分型和基因组序列信息数据集。在这一数据密集型的科研环境下，多类型数据间的关联计算将有效助力水稻计算育种的研究。

Rice Galaxy 平台由法国蒙彼利埃大学、菲律宾国际水稻研究所、科罗拉多州立大学、印第安纳大学等多家机构协同构建，是专门用于水稻遗传学、基因组学和育种的资源平台。该平台提供水稻研究界能够公开使用的数据集，包含水稻研究人员需要的数据集和共享软件工具，可进行复杂的数据分析，使科研人员可以利用公共的大数据集进行基础科学和应用科学研究。该平台可为水稻研究人员定制化地提供特定的水稻基因组和基因型数据，并可通过平台共享自己的科研数据。同时，基于平台的信息分析软件工具提供计算资源，并允许分析方法和结果的发布以及原始数据的溯源。

2. 核心功能

Rice Galaxy 系统功能强大，所包含的基因组和基因型数据，可用于单核苷酸多样性（single nucleotide polymorphism，SNP）引物设计、全基因组关联分析（genome-wide association studies，GWAS）、等位基因挖掘和人口多样性分析：① SNP 引物分析设计。SNP 引物分析设计工具提供了一种自动化的方法，用于设计适用于水稻 SNP 位点的引物。该工具基于水稻基因组的参考序列和已知的 SNP 信息，使用合适的算法和策略来设计引物，以确保其特异性和灵敏性。②水稻基因组数据访问。Rice Galaxy 系统提供的工具，可以链接到亚马逊云科技（Amazon Web Services，AWS）公共数据中的3000 个水稻基因组。③使用关联、进化和连锁性状分析（trait analysis by association，evolution and linkage，TASSEL）进行 GWAS 分析，Rice Galaxy 平台为 GWAS 分析提供足够的存储和计算资源，可通过育种数据和设计种群的关联分析发现新的数量性状基因位点。④使用 Oghma 基因组预测工具进行基因组选择，即可通过高通量表型推断基因型，从而进行基因组选择。⑤ Rice Galaxy 平台可提供多样性和种群结构分析功能，即评估非优良材料的基因组，以增加优良种质固定区域的多样性。

4.1.8　华大基因工程

生物科学作为一门交叉性极强的学科，已经融合到生命研究的各个分支学科。近些年，随着测序技术的不断成熟与发展，产生了大量多源异构的科学数据。华大集团为解决生命科学研究过程中基因数据存储、分析、共享所面临的科研瓶颈，开发了一款基于"云"的生物信息数据云平台——BGI Online，为解决相关科研单位进行大量基因数据存储、管理、分析等提供了解决方案。BGI Online 依靠高性能计算、大规模存储、安全互联网等强大的基础设施建设，搭建了一款强大且安全的基因云平台，通过基因数据云端的存储、分析、展示和交付功能，为各大测序服务商、研究机构等提供简单、高效的基因数据流"存、算、传、管"各个维度的服务功能以及生物信息工具开发、项目协作等方面的解决方案。

在农业领域，深圳华大基因股份有限公司（以下简称华大基因）依托全球领先的基因数据库和生物信息分析技术以及强大的基因测序基础设施，开展以基因组学为指导的微生物及动植物资源开发与应用、动植物品种改良研究，研究对象涉及植物、动物、微生物、海洋领域。在小麦品种改良方面，小麦的基因测序会产生大量基因数据，如一粒小麦的基因数据大小为 16GB，再乘上数以千计的样本，整个数据量将非常庞大。2016 年，华大基因在中国新疆和澳大利亚进行小米基因实验，得益于 BGI Online 在很短时间内对收集到的 3000 多份谷子品种进行基因测序分析并实现了新品种的培育，小米亩产实现了 500—600 千克的突破。此外，2012 年由华大基因与生物医学中心（BioMed Central）共同创办的生物学期刊 GigaScience，是一个采用标准全文文献、数据库信息和信息分析工具相结合的大型开放型大数据期刊数据库，为科研工作者免费提供公开的有效数据和生物学发现等资源。华大基因许多未公开发表的研究结果数据集最先在该平台上发布，免费公开供其他研究项目使用，因数据尚未公开，也不会影响到日后文章的发表。生物学期刊 GigaScience 实现了科研人员对数据源资源最大可能的合理利用，同时提高了数据密集型科学研究项目的再现性。

4.1.9　大科学项目斯隆数字巡天

斯隆数字巡天（Sloan Digital Sky Survey，SDSS）是天文学领域的大科学项目，开始于 2000 年，是使用位于新墨西哥州阿帕奇山顶天文台的 2.5

米口径望远镜进行的红移巡天项目。该项目以阿尔弗雷德·斯隆的名字命名，计划观测 25% 的天空，获取超过 100 万个天体的多色测光资料和光谱数据。斯隆数字巡天的星系样本以红移 0.1 为中值，对于红星系的红移值达到 0.4，对于类星体的红移值则达到 5，并且希望探测到红移值大于 6 的类星体。

斯隆数字巡天使用口径为 2.5 米的宽视场望远镜，测光系统配以分别位于 u、g、r、i、z 波段的五个滤镜对天体进行拍摄。这些照片经过处理之后生成天体的列表，包含被观测天体的各种参数，如它们是点状的还是延展的，如果是后者，则该天体有可能是一个星系；以及它们在电荷耦合器件（charge-coupled device，CCD）上的亮度，这与其在不同波段的星等有关。另外，天文学家还选出一些目标来进行光谱观测。目标的位置用钻孔的方式记录在铝板上，小孔的后面接有光纤，将目标天体的光引入摄谱仪。望远镜每次可以同时拍摄 640 个天体的光谱，每晚需要 6—9 块铝板对天体进行定位。

斯隆数字巡天将全部图片和光谱数据发布在国际互联网上，并且提供了简单易用的接口。用户只要输入坐标就可以获得斯隆数字巡天在该天区拍摄的全部图像，同时还提供了针对从学生到专业天文学家的详尽指南。数据也可以通过美国国家航空航天局的 World Wind 软件获取。

斯隆数字巡天涵盖了南银极周围 7500 平方度的星空，记录到近 200 万个天体的数据，包括 80 多万个星系和 10 多万个类星体的光谱数据。这些天体的位置和距离数据为人们研究宇宙的大尺度结构开辟了道路。斯隆数字巡天的数据已经在各种天文出版物中广泛引用，涉及的研究领域包括类星体、星系分布、银河系内恒星的性质、暗物质、暗能量等。斯隆数字巡天的网站上提供了这些出版物的完整列表。

4.1.10　数据驱动型农业物联网应用

21 世纪，与农业相关的许多挑战是在粮食不安全状况日益加剧、人口激增以及农业生产效率水平飞速增长的背景下出现的。到 2050 年，全球农业生产必须增长 70% 才能养活 23 亿新增人口。数据驱动型农业是解决这一全球性问题最有前途的方法之一。与农业科学研究不同，数据驱动型农业更偏向于以农业生产为起始点，将各种技术应用于农业管理和农场管理，并进一步吸引农业科学家参与。数据驱动型农业面向粮食生产不稳定的问题，通过数据驱动型农业研究方法，采用人工智能、无人机等技术，提高作物产量和增强农场管理效果。

微软的 FarmBeats 是一个用于农业的端到端物联网平台，以人工智能和机器学习为核心，提供一种提高产量和农场生产效率的人工智能方法。通过将机器视觉算法应用于无人机镜头，FarmBeats 能够为农民提供作物健康和地面湿度的数字热图。该解决方案使用人工智能和传感器技术为农民提供了实时数据、知识和可行的建议。地面传感器测量，如土壤水分和养分的输入，在食品存储和牲畜庇护所中监测温度和湿度；无人机则用于帮助农民绘制田地图，远程监控农作物冠层并检查异常情况。

FarmBeats 于 2015 年从农业物联网平台的原型开始，该平台支持从传感器、摄像机和无人机"无缝"收集数据。使用人工智能技术将无人机的航拍图像与地面传感器数据融合在一起，同时还利用深度学习和机器视觉识别视频流上农作物的病虫害疾病和营养不足。该平台将无人机图像拼接成全景图像，对来自无人机和摄像机的图像进行机器学习，还能够脱机运行将数据同步到云中，以便农民可以远程访问数据。

目前，FarmBeats 已在美国、印度、新西兰和肯尼亚、巴西的农场中实施。微软和美国农业部共同宣布了 FarmBeats 的最新扩建计划：应用于位于马里兰州 Beltsville 农业研究中心的 7000 英亩农场，并将对该系统进行覆盖作物或淡季种植作物试验，以限制杂草和害虫并改善土壤。美国农业部还计划将 FarmBeats 推广到其研究网络中的 200 多个农场，以提升农业研究服务。目前，FarmBeats 研究部门在 90 个研究地点，聘用了大约 2000 名科学家，定期收集和分析现场传感器数据，进行相关科学研究。

4.2　数据密集型科研典型应用案例启示

在数据密集型科研范式的时代背景下，不同的学科领域有着对密集型数据的不同应对能力。通过对不同学科领域数据密集型科研应用案例的详细分析发现，其典型共性特征是以信息技术为驱动力，以数字科研基础设施为支撑环境，以开放共享为机制，三者彼此作用嵌入到科学研究工作中，推动着数据采集、数据存储、数据分析、数据可视化等数据生命链条的构建，实现科学研究过程中由数据到信息到知识的升华。因此，基于支撑数据密集型科学研究的关键要素，总结归纳不同学科领域数据密集型科研应用案例的共性特征，对有效支撑数据密集型科学研究有着重要的参考价值。

4.2.1　重视虚拟科研环境搭建

数据密集型科研范式的出现，使得科学研究以数据为中心、以数据为驱动的特征越来越突出。数据共享作为数据密集型科学研究中的关键作用机制，有效支撑着数据密集型科研环境的形成。虚拟技术和虚拟现实的出现，实现了在虚拟环境中获取数据、科研合作、科研创新，出现了多种形式的虚拟科研方式。虚拟学术社区的出现，满足了在数据密集型科研环境下科研人员学术交流的需求（谭春辉等，2019），逐渐成为科研人员分享信息和知识交流的重要平台。例如，美国国家生物技术信息中心（National Center for Biotechnology Information，NCBI），以推动全球范围内的科学研究合作为宗旨，集成众多生物医学领域的数据库、在线检索与分析工具，构建生物医学领域的学术生态系统。美国国家生物技术信息中心为科研人员透明地提供网络虚拟科研服务，如数据存储、高性能计算和数据可视化等服务，提高了科研人员的信息行为效率，帮助领域内相关研究人员解决在研究过程中遇到的复杂问题。地球大数据共享服务平台以共享方式为全球用户提供系统、多元、动态、连续的地球大数据，通过建立数据、计算与服务为一体的数据共享系统，避免了数据重复采集造成的数据冗余、重复建设等问题，实现了地球科学大数据共享，解决了数据分散带来的"信息孤岛"问题（董少春等，2019），为科研机构或者个人提供数据共享服务，推动形成地球科学数据共享新模式。

4.2.2　加强科研数据体系建设

科研数据作为数据密集型科学研究中的基础要素，学者一般将科学研究数据归纳为来源于测量仪器及传感设备记录仪器的观测型数据、学科领域中大型实验设备的试验型数据、大规模模拟计算的计算型数据、在线行为分析数据和参考型数据。纵观以上数据密集型科研案例，可以发现多类型科研数据资源的全面集成是其最基本的典型特征，因此科研数据体系的建设有着重要的意义。例如，拟南芥信息资源中心（The Arabidopsis Information Resource，TAIR）涵盖基因组序列、基因结构、基因产物（RNA、蛋白质）、遗传和分子标记、突变体库、相关文献等多类型科研数据资源，形成了拟南芥相关的密集型科研数据环境。医疗大数据应用技术国家工程建设中，汇集外部数据资源建立专病数据库，同时整合形成了原始数据与专病数据相结合的医疗数据资源库。地球大数据科学工程建设中，突破了数据开放共享的瓶颈问题，实现了资源、环境、生物、生态等领域分散数据的全面集成。

4.2.3　着重提升数据计算分析能力

随着科研数据的爆炸式增长，以及分析手段和技术的不断发展，科学研究从最初的描述性科学研究逐步走向定量化科学研究。越来越多的科学研究需要利用大数据分析技术对数据进行整合，着重挖掘数据的内在联系和相关性，从而实现科学研究的新发现。当前，已有的独立分散的数据分析工具已不能满足数据密集型科学研究的需求，因此多来源领域数据和关联分析工具集成系统已经嵌入到科学研究过程中。作为数据密集型科学研究中的关键支撑要素，高性能计算大数据分析系统所执行的数据挖掘算法有效助力了科研的创新发展，让结果更科学，让执行更智能。例如，地球大数据共享服务平台实现了由"数字地质"向"智慧地质"的转变，基于云计算、大数据、人工智能等信息技术构建以"地质云"平台为核心的支撑服务体系，为地质调查、地质数据共享与信息社会化提供服务。该平台的重要价值不仅在于其大规模的数据量，更重要的是利用大数据技术分析与挖掘数据的内在联系和特征，真正"让数据说话"成为可能。美国国家生物技术信息中心、拟南芥信息资源中心和美国国家基因库均利用大数据分析、数据挖掘等相关技术，开发了组学计算分析工具，为科研人员提供了强大的在线计算及科学分析预测服务，映射了数据密集和数据驱动的典型特征。

4.2.4　强化大数据关键技术应用

在数据密集型科研范式的时代背景下，科学研究问题日渐复杂且难以预测，计算和链接成为科学研究的核心，高通量、高效率、无缝链接的计算平台和计算能力成为关键。因此，大数据技术的应用成为数据密集型科研典型案例的重要特征，大数据技术成为科学研究的关键技术解决方案。例如，欧盟"人脑计划"项目，基于大数据相关技术的应用，整合所有有关脑的结构和功能的知识与数据，在超级计算机上模拟大脑，让人们能够更全面地了解健康和疾病、大脑和脑部各种活动，为神经科学、医药学和科学计算带来了新的发展。医疗大数据应用技术国家工程努力推动应用型技术创新，建立临床知识库与决策辅助系统、医学影像人工智能辅助诊断系统、智能分诊/导诊系统和个性化健康管理系统。其中，云计算、人工智能技术和可视化技术等大数据相关技术的应用，实现了科学新发现的无缝关联、操作的便捷性和预测结果的可视化展示。

第 **5** 章

数据密集型农业科研应用

当前，农业科研问题的解决呈现出学科知识交叉、协作、融合等新特点，新一代农业科研已进入以云计算和大数据等技术为代表的数据密集型科学研究阶段，数据密集型计算逐渐成为农业科学研究中的主流计算模式。不同于传统的科学计算和高性能计算，数据密集型计算以数据为基础研究对象，是高性能计算与数据分析和挖掘的结合。这一科研范式的转变需要更为先进的工具和数字科研平台的支撑，以实现海量科学数据的管理和分析进而解决复杂的科学问题。借鉴国内外数据密集型科研平台建设的相关经验和做法，结合我国数据密集型科研的发展现状以及数据密集型农业科学研究对知识服务的新需求，本章提出一种可应用于数据密集型农业科研的通用平台架构以及面向农业领域数据密集型科研的多种应用场景。

5.1　数据密集型农业科研的新需求

随着农业科学研究的不断突破和技术创新的快速发展，农业科研模式和产业形态开始进入到转型升级的跨越式发展阶段，全新的科研范式和业态由此产生（孙坦等，2021）。为适应数据密集型农业科学研究的数据量巨大、数据相关性强、更加依赖工具仪器、学术信息交流频繁等新的特征，农业科学研究在多学科领域协同创新、数字科研基础设施、信息技术支撑等方面必然有新的需求。

5.1.1　注重多学科领域的协同创新

在数据密集型科研生态环境下，农业科学研究的跨学科、交叉性、综合性、复杂性等特征更加突出。在复杂多变的农业科研过程中，随着生物技术和信息与通信技术等新兴技术在农业科学研究中的密集应用，农业科学研究范式、产业形态均发生着巨大的改变。同时，生态与环境治理、生物安全、复杂产业问题等诸多全局性关键瓶颈问题均需要多个学科领域协同创新。多学科领域的协同创新是农业科学研究创新发展的必然趋势，是推进我国农业实现高质量发展和农业现代化的必然选择。

在学科边缘交叉与综合方面，如由于数据科学与组学的综合交叉，催生出计算育种学科，因而需要育种学、组学、数据科学等不同领域和不同角色的科学家协同开展研究和创新。因此，需要聚焦农业科研现代化进程中的关键瓶颈问题，在国家层面制定相关规划，同时需要重视和发挥信息技术和数据科学的作用，加强信息技术和大数据技术的协同创新体系建设。

同时，亟待在全国范围内统筹基础研究、应用研究、产业化示范、科研任务、基地平台和人才等科技资源，以分工合作为基础，打造协同高效的农业科研创新体系。充分发挥不同创新主体的优势与特色，加快建立健全各主体、各方面和各环节有机互动，有效汇聚创新资源和创新要素，实现优势互补、资源共享和合作攻关，建立起完整的创新链条，不断提升创新效率和科技成果产出。最终，实现在开放科学环境下，科研人员可以便捷地利用科技文献、科学数据、分析工具等，让更多的人参与到科学研究中，形成多学科共同攻关的良好环境，促进科学研究过程中的科研成果实现共享，使科学研究向更加开放协同的方向发展，不断提升创新效率和科技成果产出，在更高起点上推进自主创新。

5.1.2　加强数字科研共享基础设施的建设

2019 年，美国国家科学院、工程院和医学院联合发布了题为"Science Breakthroughs to Advance Food and Agricultural Research by 2030"的研究报告。报告指出，需要对工具、设备、设施和人力资本进行投资，以便在粮食和农业领域进行前沿研究。同时，以协调一致的方式解决农业最棘手的问题。此外，需要对研究基础设施进行投资，以促进粮食和农业研究学科的融合。目前，我国农业发展正处于爬坡过坎的关键期。在这一形势下，应根据我国资源条件和农业现阶段的发展水平，强化信息化服务能力建设，提升农业信息科技创新，加快推动农业转型升级，由传统向现代，由粗放向精细、精准、绿色转变。现代农业科学研究和技术创新越来越依托于基础设施，无论是推动我国智慧农业技术创新，还是推动我国农业信息化应用，均需要强大的数字科研共享基础设施支撑。

《数字农业农村发展规划（2019—2025年）》指出，开展动植物表型和基因型精准鉴定评价，深度发掘优异种质、优异基因，为品种选育、产业发展、行业监管提供大数据支持。随着大数据、云计算等信息技术的快速发展与应用，新一代农业科学研究逐渐呈现出数据—挖掘分析—领域应用的发展趋势。科研人员不仅通过对领域科学大数据实时、动态地监测与分析来解决领域科学问题，更是将数据作为科学研究的对象和工具，基于数据来思考、设计和实施科学研究。为有效应对数据密集型科研范式下农业科研的新需求与新挑战，亟须充分利用新一代网络技术和分布式高性能计算环境，构建以大数据技术为核心的新一代农业数字科研共享基础设施，形成一种全新的科学研究模式和科学研究环境。例如，空–天–地–海一体化的实时信息感知与数据采集基础设施，包括农业遥感卫星、农业环境与生物传感器体系、农业无人机监测体系等；国家农田水利等农业基础设施信息化、数据化和智能化改造，支撑农业科技创新和智慧农业产业的应用与发展；国家农业大数据仓储和治理基础设施，负责采集、存储和治理多源异构农业大数据；国家农业高性能计算环境与云服务平台，支撑农业大数据的计算挖掘与应用服务。这不仅是适应数据密集型科研范式的必然要求，同时也是促进各领域科技创新、指导行业生产、保障国家粮食安全和政府科学决策的基础性工程。

5.1.3　强化信息技术与领域技术的深度融合

当今时代，随着5G、人工智能等新一代信息技术的不断发展，不同技术之间的横向融合及其对科学研究交互应用的渗透广度、深度进一步加强。例如，以基因编辑、免疫细胞治疗等为代表的新兴生物技术，以大数据、人工智能为代表的信息与通信技术，它们之间交叉融合、相辅相成，将彻底改变和重构农业领域科技创新的基本范式，对农业科技创新与升级起到引领作用。在智能化技术与科研环境融合发展的时代背景下，信息技术与领域技术的全方位融合将成为新的发展趋势。

面向世界科技前沿、国家重大需求和数字农业农村发展重点领域，重点攻克高品质、高精度、高可靠、低功耗农业生产环境，从根本上解决数字农业高通量信息获取难题。加强关键共性技术攻关，深度融合大数据、人工智能等一系列关键核心技术的集成创新，进一步强化科研信息化的带动引领作用。近年来，以计算机视觉、自然语言处理和机器学习等为代表的人工智能技术已在海量文献智能分析与推荐、实验操作流程辅助等科学研究过程中提供了有效的手段和途径。尤其是深度学习的出现，在模式识别、生物识别、图像识别、视频识别等领域带来了重大突破，这也成为农业科研的核心驱动力。人工智能已经通过对基因组学、表型学、作物仿真、农业监测网络、农情遥感等不同学科、不同尺度、不同类型农业大数据的挖掘分析，极大地优化了农作物育种、农情监测预警、农作物病虫害识别、农业宏观战略决策等农业问题。因此，亟须充分发挥这些新兴信息技术在重塑与再造全新科技领域现代化范式中的前瞻性、引领性和战略性作用，推动信息技术和领域技术的深度融合。建设新型科学研究模式，将信息技术融入实验设计、分析和创新发现等科研活动的整个过程，研制科技资源分析工具、计算模型及服务产品，形成融入科研活动全流程的智能辅助技术体系和工具体系，推进科学研究工作向智能化方向迈进。

5.1.4　重视数据和智能双向驱动的科研体系建设

随着科研体系的日益复杂和科研工作的日趋繁重，农业科学研究过程中存在诸多人力投入密集的重复性、流程性工作，在一定程度上降低了农业科学研究的效率，减缓了科技创新的步伐。在当前大数据的形成、理论算法的革新、计算能力的提升、网络设施不断发展的时代背景下，数据和智能双向驱动的科研体系建设将成为推动农业科学研究创新发展的必然方向。

面对实验室研究和生产实践中的数据彼此脱节，且缺乏有效的工具来科学管理已有数据和知识的现状，亟须采用跨学科团队 + 多领域合作的科学研究模式，打造面向专业学科领域的科研数据智能管控体系。以资源整合、数据共享为途径，在动态变化条件下自动整合数据并进行实时建模，推进数据融合、相关关系挖掘与应用，形成数据驱动的智能管控。打造"数据融合、数据决策、数据创新"全链条的数据生态体系，实现资源的共建共享。引领整个科技创新体系向科研信息化、信息数据化、数据知识化的方向不断发展，促进复杂科学问题的解决。

此外，现代农业科学研究越发需要人与机器的紧密耦合，利用新兴的信息技术为基础科研领域带来科研效率的提升以及复杂科学问题的有效解决。例如，智能式农作物籽粒计数器数粒宝的出现，解决了育种、栽培行业中千粒重、品质检测等环节面临的烦琐的人工数粒问题，可提供计数、粒长、粒宽等服务，提升了科研人员的科研效率。围绕整个科研过程，构建提供知识资源、知识管理、知识共享、知识交流和知识协同等知识服务的人机协同科研生态环境，形成智能驱动的科学研究模式，释放科研人员的最大效能，有力支撑农业科学研究的创新发展。

5.1.5 重视数据密集型计算模型的构建

农业科研涉及多种学科，具有交叉性、综合性、复杂性等特点，在复杂和变化的科学研究和科技创新过程中，基于海量数据的计算分析已成为攻克复杂农业科学问题的重要手段，算力正逐步成为数字时代的生产力核心。在数据密集型科研范式的时代背景下，数据密集型计算成为一种重要的能力和资源。数据密集型计算不同于传统的科学计算和高性能计算，其是高性能计算与数据分析和挖掘的结合。因此，亟须加强新型计算分析体系建设，重视数据密集型计算模型的构建，为复杂农业科研问题的解决提供有力的数据支撑和科学预测。

因此，在现代农业科学研究中更加需要重视对数据资源的建设与价值挖掘，建立由假设驱动转向数据驱动的科学研究模式，转向由数据资源向智力资源高效转化的态势。需要充分结合专业学科领域的特点，着力建设具有明确学科领域应用场景的超级计算中心和高性能计算平台。明晰科学研究活动的一般规律，梳理掌握科研人员研究重复性工作的基本特征和需求关键点，强化算力和算法，构建拟合专业学科领域特点的数据密集型计算模型，形成支撑协同创新的科研资源利用体系。为满足科研机构和科研人员的智能计算需求，需要通过强大的智能数据处理和计算能力，支撑农业科学研究的创新发展。

5.2 数据密集型农业科研平台典型架构

紧密围绕国家创新驱动发展战略，面向大数据和人工智能驱动的数据密集型科研创新范式，突破科技创新大数据融汇治理、智能知识服务、农业专业领域协同科研与计算等关键技术，构建自主可控、开放协作、无缝访问、泛在可持续的新型数字农业科研协同创新环境。本章提出了数据密集型农业科研平台的典型架构，旨在为科研人员提供一流的数据基础设施和基于云端的服务，支持数据存储、数据发现、数据管理服务；提供虚拟研究环境和服务，支持不同学科和区域的科研人员获取和共享数据、分析工具、计算模型；为提升科技自主创新能力、支撑数据密集型科学发现、实现数字技术与专业领域融合创新提供新型数字基础设施。

数据密集型农业科研平台典型架构如图 5-1 所示，主要包括五层：基础设施层、数据层、关键技术层、核心功能层和服务层。为保证平台框架具有良好的互操作性，还需要制定数据标准、语义标准等标准规范体系，以及有关开放共享、安全防护等相关政策机制，保证数据的可访问和可重复使用。重点建设科技创新大数据中心，融合数据与计算分析，支持共享研究成果、访问数据和数据密集型计算，为不同类型用户提供场景化服务，以支撑数据驱动的农业科学研究。

（1）基础设施层

联合现有的分散的基础设施，提供联网、计算、存储服务，具有分布式计算能力，确保数据和设备的可发现与可使用。基础设施层包括网络基础设施、计算基础设施和存储基础设施等。数据提供者可存储、管理和在受信任存储库中长期保存数据。

（2）数据层

研究和制定多类型数据融合的元数据标准、语义标准及互操作标准，开展农业科技文献数据、统计数据、实验数据、观测数据、遥感数据、专利数据、基地数据等融汇治理关键技术的研发，形成科研大数据集市。同时，提供对大规模异构数据的存储，并支持对海量数据的分布式存储和管理。以数据融合为途径，推进数据挖掘分析和智能计算及多层次互操作，促进农业科技创新资源的传输、计算、调用、存储、分发、处理和分析，打造集约高效、开放互联、泛在适用、自主可控、安全可靠的农业科研大数据仓储。

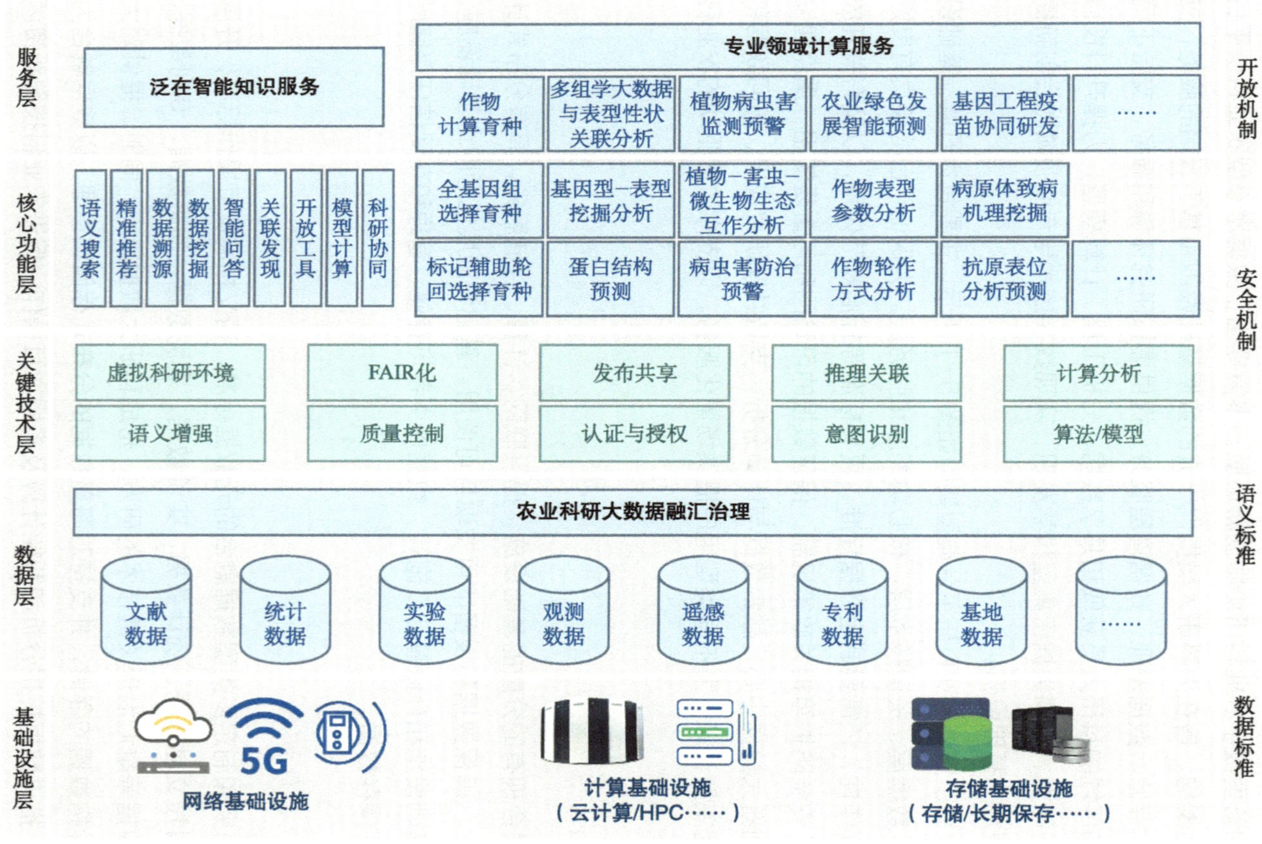

图 5-1　数据密集型农业科研平台典型架构

（3）关键技术层

利用人工智能、机器学习等技术大幅度改进算法和模型的效率与性能，其中关键技术层包括虚拟科研环境、语义增强、FAIR 化、发布共享、推理关联、意图识别、计算分析等关键技术，以及支撑特定领域研究的算法／模型、认证与授权、质量控制服务。提供对海量数据的计算分析，支持对大数据进行高可靠、高性能的并行计算，以及云计算和高通量计算。基于 FAIR 原则，确保科研数据的可重复性和互操作性，确保跨学科的数据服务，有效解决数据孤岛的问题。

（4）核心功能层

核心功能层为服务层提供核心功能业务支撑，支持以简单的方式访问开放数据、跨学科科研数据以及无缝嵌入科研工作流程的服务、工具和模型。核心功能层主要包括语义搜索、精准推荐、智能问答、关联发现等服务，同时用户可以发现、访问、重用、合并和分析研究数据，利用相关的计算模型和工具以实现数据溯源、数据挖掘、模型计算等服务。此外，还可以提供面向专业学科领域的计算服务，如全基因组选择育种、基因型－表型挖掘分析、植物－害虫－微生物生态互作分析、作物表型参数分析、病原体致病机理挖掘、标记辅助轮回选择育种、蛋白结构预测、病虫害防治预警、作物轮作方式分析、抗原表位分析预测等。

（5）服务层

服务层为科研人员提供数据的发现、访问、使用和再利用服务，以及满足用户多样化场景需求的广泛服务，以支撑数据驱动的科学研究。同时，还可以为用户提供语义搜索、智能问答、数据挖掘、模型计算等泛在智能知识服务。面向专业领域数据密集型科研应用场景，提供动态按需分析服务，可实现作物计算育种、多组学大数据与表型性状关联分析、植物病虫害监测预警、农业绿色发展智能预测、基因工程疫苗协同研发等场景化的数据计算服务。此外，科研人员还可以利用虚拟社区中的资源协作开展合作研究。

5.3 数据密集型农业科研应用场景

当前，我国农业正处于由传统农业向现代农业转型的关键阶段，农业科技成为现代农业发展的主要推动力。在数据密集型科研生态环境下，面向世界科技前沿、国家重大需求和数字农业农村创新发展的重点科研任务，尝试提出以下几种较适宜实现数据密集型科研范式转型的农业科研应用场景，以期实现以表观遗传学理论和技术为核心的作物计算育种、植物病虫害监测预警以及农业绿色发展智能预测等。

5.3.1 作物计算育种

全球人口激增、气候持续变化、土地资源退化、生态环境污染等威胁粮食安全的诸多问题，给作物育种行业带来了新的挑战，迫使育种科技亟须革命性的改变。2018年初，美国康奈尔大学玉米遗传育种学家、美国科学院院士Edwards Buckler 教授提出了"育种4.0"的理念，即作物育种技术的发展伴随人类社会的进步已经历了经验选择育种、杂种优势育种、生物工程育种，正快速进入智能设计育种时代（Wallace et al., 2018）。因此，将传统育种技术与信息科学、生物技术等高科技手段深度交叉融合，是保证我国种业具有持续国际竞争力的核心。

随着高通量测序技术的发展和检测成本的降低，通量基因型检测和测序技术在作物育种中得到了快速应用。在产生海量作物育种相关基因、蛋白等数据的同时，育种家也已经积累了大量的目标性状分子标记数据和全基因组标记数据，形成了育种大数据。针对作物育种领域数据量大、非结构化数据加工治理工具缺失、缺乏一站式数据分析平台等问题，建立"作物基因组智能设计育种"技术体系，构建基于大数据技术的作物计算育种平台，实现作物育种方法理念的创新，可以为育种工作者提供数据支撑和育种新途径，为解析生物学数据与目标农业性状之间的关系提供数据支撑，加快育种现代化的进程。

作物计算育种平台涵盖生命科学领域的基因组技术、表型组技术、基因编辑技术、生物信息学、合成生物学，以及信息领域的人工智能技术、机器学习技术、物联网技术、图形成像技术等，共同支撑作物育种科学向更加智能化的方向发展。计算育种可大大缩短育种时间，也能更精准地驯化得到适合不同环境生长的农作物。该平台提供多源异构生物信息数据的融汇管理和深度挖掘分析，可缩短作物育种周期并提高育种精度，支撑作物育种由经验主导向定位化和精准化方向转变。制定涵盖作物育种全业务流的生物信息数据管理框架，建立支撑作物计算育种的生物信息数据库，实现育种数据的智能采集与管理；研发面向作物计算育种的数据挖掘分析及其可视化工具集，提供作物基因组测序数据质量控制、基因及其产物数据组装、基因表达定量分析、基因差异表达分析、基因功能注释、基因型表型关联发现、关键基因挖掘、结果可视化分析等功能，实现育种数据的深入分析和分析结果的可视化展示；集成生物信息数据和应用，面向特定作物针对性地开展计算育种支撑工作，实现作物育种的智能决策。

5.3.2　多组学大数据与表型性状关联分析

近些年，随着测序技术的飞速发展，多组学数据呈爆炸式增长。由于多组学数据关联分析可以全景地揭示生命活动的本质规律，更系统地解读复杂的生命科学问题，已逐渐成为助力科研成果产出的关键。换言之，多组学研究已进入以云计算和大数据为特征的数据密集型科研范式阶段。因此，亟须构建契合数据密集型科研个性化需求的多组学大数据与表型性状关联分析平台。

多组学大数据与表型性状关联分析平台作为一个融合性平台，应涵盖多组学测序存储、多组学大数据关联计算、基因型与表型关联分析三大子系统。该平台旨在从基因、转录、蛋白和代谢水平进行由内而外、相互关联的全面深入阐释，系统深入地挖掘基因型 - 表型的内在关系，在不同层次上透视生命活动的规律，揭示相互之间的调控作用。

多组学测序存储子系统提供基因组、转录组、蛋白组、代谢组等多类型组学测序功能，基于多组学分析技术和高通量组学数据计算方法，将基因组分析、群体数据分析、进化数据分析、网络分析、图形可视化分析有机整合起来，实现远程云计算功能，方便用户在缺乏计算资源的情况下快速获得运算结果，并最终以图形、图表等形式进行直观展示。

多组学大数据关联计算子系统基于数据关联等相关技术，实现异构数据库的整合检索，以支持知识发现。例如，当用户搜索一个目的基因，在快速获取刚需数据的同时，提供相应的基因注释、基因序列、基因结构、蛋白结构等相关数据资源。此外，基于多类型组学数据的融合，利用大数据分析、数据挖掘等相关技术，开发组学计算分析工具，提供强大的在线计算及科学分析预测服务。例如，可提供同源基因的序列比对、启动子模型预测、蛋白结构预测、进化树构建等。同时，还可对基因信号通路和互作蛋白做出科学的预测，为科研人员提供可参考的试验思路，有效缩短科研周期。此外，该子系统还可以给科研工作者提供共享研究数据的汇交入口，科研工作者可以将自己获得的数据上传，有效地促进科研数据的溯源与共享。

基因型与表型关联分析子系统基于关键词检索、人工审编、词条比对注释等技术手段，不断整合多物种的基因型－表型关联信息，并通过语义比对等映射到不同的性状本体上，方便用户通过基于本体的层级结构查找感兴趣的性状及对应的关联信息。此外，该子系统还可涵盖与多个性状相关联的多效基因及遗传位点，支持用户通过不同模块在线浏览、检索与下载，为未来重要农艺性状的模块化遗传研究和育种应用提供重要资源与平台。

5.3.3 植物病虫害监测预警

顺应现代农业植保信息化发展的需求，植物病虫害监测与防治由传统模型驱动转向数据驱动，密集型数据的科学分析正逐渐成为其核心驱动力。因此，构建植物病虫害监测预警平台，可为植物病虫害的绿色防控决策提供强有力的科学支撑，推动现代农业的绿色发展。

植物病虫害监测预警平台是基于农业物联网环境监控、植物病虫害图谱、专家问诊、实验室诊断、绿色防控等病虫害相关业务而打造的一个融合型平台，分为数据存储管理、大数据分析预测和预警发布三大系统。该平台旨在实现事前预警、事中及时防控、降低农药的使用量，以及绿色、有机、健康的农业生态链。

植物病虫害监测预警平台依托数据采集获取技术，全自动化采集田间病虫害数据信息，包括病虫害发生的地点、时间、温湿度、光照等信息，并将其自动生成分布图，用户从地图上即可清晰地获取病虫害数量、害虫分布规律情况和传播路径。同时，基于数据传输技术，为数据存储管理系统提供实时、可靠的病虫害田间监测数据。基于通用算法，结合数据存储管理系统中的多维度病虫害相关数据，建立植物病虫害监测预警专有模型，进而驱动专家系统的推理预测。通过预警发布系统发布病虫害预警信息，为用户提供实时、精准的用药建议，为专家指挥防治、决策提供科学依据。同时，基于多维度病虫害相关大数据分析，平台设有植物 - 害虫 - 微生物互作的科学分子生态预测机制，助力抗病虫新基因发掘、绿色防控技术研发等科研工作，以此提高种植效率和产量，有效推动农业的绿色发展。

5.3.4　农业绿色发展智能预测

　　助力农业绿色发展，需要多学科交叉和全产业链系统提供科技支撑，多学科、多界面地开展协同攻关与综合创新。聚焦产前、产中、产后关键环节，以提升耕地质量为基础，以提高水、肥、药利用效率为核心，以秸秆、畜禽粪污资源化利用和农膜残留防控为重点，构建支撑农业绿色发展的技术体系。以旱作农业为例，在相当长的一段时期，我国农业的研究重点在水浇地，而相对忽视对旱地农业增产技术的改进。但是，随着淡水资源匮乏的日趋严重，尤其是在北方，旱作农业发展是解决农业高效增产的重要方式。因此，需要建立旱作农业协同科研平台以助力农业的绿色发展。

　　旱作农业协同科研平台提供旱作农业试验站与机构导航、文献资源、科学数据和专利等多种类型资源，同时设有领域内研究数据的汇交入口，可有力支撑科研数据的开放共享，实现跨地区、跨机构、跨团队的科研资源协同。同时，科学融汇已有的研究数据，找寻数据之间的关联，利用大数据技术、人工智能、数据挖掘等相关技术，打造符合数据密集型科研范式的智能型大数据科研服务平台。例如，根据土壤养分数据，预测施肥比例、作物种类及轮作方式。根据气候数据，包括光照时长、温度、降雨量等环境数据，考虑纬度、海拔、地貌地形等数据，因地制宜地规划种植，为科学研究人员提供嵌入科研过程的知识挖掘服务。此外，提供旱作农业科学家在线学术研讨空间，提升旱农领域科研协作交流活跃度。以研究方向为应用单元构建动态网络自组织研究社区，为相同或相近研究方向的科研用户提供交流共享平台，形成线上、线下协同高效的科学实验空间站，促进知识资产的有机融合、高效管理和充分共享。构建科研共同体的统筹协同机制，充分发挥不同创新主体的优势与特色，形成协同高效的农业创新体系。

5.3.5　基因工程疫苗协同研发

近些年，随着分子生物学及重组 DNA 技术研究的发展，有关畜牧类基因工程疫苗的研究也进一步深入，产生了大量相关的试验数据。因此，亟须科学系统地融汇治理和计算分析这些试验数据，使其更好地释放出数据的价值，以期为疫苗研制的整个科研过程提供科学的分析指导。

基因工程疫苗协同研发平台将提供基因工程亚单位疫苗、基因工程载体疫苗、核酸疫苗、基因缺失活疫苗、蛋白工程疫苗等多种类疫苗的简介及基本制备过程。针对某一特定病毒感染性、致病力、传播能力及抗原性等表型差异，深入分析病原结构，关联计算抗原表位在病原体致病及免疫中的作用，运用大数据技术、人工智能和数据挖掘技术，辅助科研工作者进行病原的遗传变异、致病及免疫机制的研究。构建开放式虚拟个人知识空间，高效收集、科学管理科研用户在整个科研活动中的数据产出，并支持其有效集成和共享，形成协同高效的疫苗研发创新体系。以期研发预防、诊断与治疗用细胞工程和基因工程制剂，创制防控产品，为我国健康养殖、食品安全和公共卫生提供重要保障。

第 6 章

结语与展望

随着现代信息技术的不断发展，科学研究已跨入了互联网＋大数据时代。科研数据规模呈现爆炸式增长态势，科学研究中需要强大的数据计算和处理能力。大数据正在深刻改变着科学研究范式，数据密集型科研范式已成为目前科技创新发展的主流范式。无处不在的计算将是智能时代的新形态，高性能计算也成为科技创新的核心竞争力。因此，数据的海量获取、数据资源的共享、跨领域合作、科研基础设施的共建共享等逐步成为影响科学研究发展的关键因素。欧美发达国家为迎接这一新的挑战，在科研基础设施、关键技术等领域已布局了一系列国家层面的战略规划和战略举措，并重点强化软件、算法库及平台等方面的研发和建设，以确保欧洲的科学研究保持世界先进水平。我国也正在大规模进行网络安全与信息化领域的国产化替代工程，基础设施的自主可控，实现从 CPU、计算机到操作系统等核心技术的安全可靠，科研数字化和信息化成为提升数据密集型科研范式下科学研究水平的重要保障。基于数据密集型科学研究的新需求，结合我国科研数字化和信息化的发展态势，亟须加强信息化政策创设和机制创新、加快科研基础设施计算性能的提升、推进科研组织模式的转型升级、数据科研人才的培育等举措，更好地支撑国家重大工程的产学研协同创新。

6.1 发达国家高度重视和关注数据密集型研究

6.1.1 美国国家科学基金会对数据密集型科学计算的持续支持

美国国家科学基金会一直大力支持数据密集型科学计算。2013 年，美国国家科学基金为超级计算机的研发与应用提供了大量经费资助，用以促进如环境、基因、容灾和流行病学等以人为本的科学研究。

2019 年 2 月，美国国家科学基金会发布"利用数据革命：科学与工程数据密集型研究所 - 框架"项目指南，作为概念化阶段科学和工程数据密集型研究框架的一部分，旨在支持跨学科团队实现概念化和试点新模式的工作，以参与数据密集型科学和工程，并整合所需的基础设施，包括现有的计算和数据资源、协作工具和专业知识中心。框架协作和融合机制超越机构与传统学科界限，以建立创新的联系，并整合科学家、工程师和数据科学家之间的研究基础设施。2021年1月，美国国家科学基金会再次发布"利用数据革命：科学与工程数据密集型研究所"项目指南，该项目指南用于科学和工程领域的数据密集型研究，加速广泛研究领域的发现和创新，并通过利用不同的数据源以及开发用于数据管理和分析的新方法、技术和基础设施来引领创新。同时，该项目还将支持科学和工程研究社区之间的融合，并提供专业知识方面的支持，包括数据科学基础、系统、应用程序和网络基础设施等；通过协作、共同设计的计划来实现科学和工程的突破，以制定创新的数据密集型方法来应对国家重要任务的挑战。

6.1.2　欧洲网格基础设施发布促进数据及计算密集型科学发展的策略

欧洲网格基础设施是一个国际性的合作机构，通过整合各界资源和专业知识为科学研究和研究基础设施提供开放式的问题解决方案，其首要长期目标是使各个学科研究人员合作并实现数据密集型科学研究和创新。欧洲网格基础设施旨在让所有学科的研究人员拥有简单、完整和开放的渠道来获取最新的专业资源和专业知识，进行数据密集型的科学研究和创新。欧洲网格基础设施的主要目标群体包括注重数据密集型科学研究的科研团队、寻求获取专业知识资源以实现创新的中小企业和产业，以及寻求研究政策制定建议并支持其执行的政策制定者。

（1）欧洲网格基础设施的服务

欧洲网格基础设施的服务主要集中在五个方面，未来将根据相关各方的需求进一步发展。

1）高通量的数据分析。保持现有高可靠性的高通量计算服务，并改善与虚拟科研环境的集成。

2）整合云。巩固密集型计算服务并提高可用性。采用可动态部署和操作的数字化平台。

3）整合开放数据。不仅允许用户共享、发现和处理开放数据，还允许链接现有的存储解决方案。

4）整合操作工具、流程和服务，提高用户体验。向外部提供产品化的软件和服务。

5）数据驱动的创新分析。与用户机构共同建立基于算力的创新分析中心，共同实现新的解决方案以支持研究人员的科研工作。

（2）战略目标

1）整合数字能力、资源和专业知识。整合欧洲范围内研究机构基础设施的计算集群、云计算、存储、数据和其他类型的学科资源，通过学科领域知识来组织专家网络，形成可支持研究机构的专用算力中心。

2）实现跨机构的操作服务。欧洲网格基础设施为 EGI 联盟成员提供授权操作服务，在 EGI 联盟基础设施的基础上为研究机构提供操作服务。

3）共同实现和整合开放的、用户驱动的服务与解决方案。通过技术与解决方案的共同设计和开发，与研究机构和技术提供方一起实现创新。新技术能在 EGI 联盟基础设施基础上提供解决方案，而开放的解决方案也意味着开放标准随时可用且便于重新使用。

4）成为数据密集型科学值得信赖的顾问。可以为政策制定者提供专家意见，帮助其形成各自国家的发展政策。咨询研究机构并向其提供高质量的技术服务或专业知识，以推进其研究进展。

6.1.3 英国科学和技术设施理事会提出数据密集型科学的发展方向

2018 年，英国科学和技术设施理事会发布《战略环境与未来机遇》报告，强调英国科研的多学科特性、产学界间的紧密合作及其全球成就。报告提出六大战略主题：建立国际影响力、数据密集型科学、面向 21 世纪挑战的解决方案、开发先进技术、科研与创新园区、激励与参与。数据密集型科学是英国科研创新的关键领域，它由全球"大科学"计划的需求驱动，随着科研数据体量、速度和多样性的指数级增长，这些计划不断突破界限并急需计算能力的创新。英国科学家需要信息化基础设施产生数据并对科研结果进行分析，为从海量科研数据中提取价值与知识，需要开发创新性的解决方案。例如，英国科学和技术设施理事会与自然环境研究理事会（Natural Environment Research Council，NERC）联合开发的面向气候与地球系统科学的 JASMIN 超级数据集群就拥有类似的数据处理能力。此外，英国科学和技术设施理事会也针对相应技术、资源和技能投资，以理解、解释和共享来自英国科学和技术设施理事会实验设施的数据，为科研人员提供最好的支持。

除了科学能从这种方式中获益外，基于大型复杂数据集的预测型分析及机器学习和人工智能的应用正在变革商业和政府决策，其通过 10 年前仍无法想象的方式寻找新的相关性、发现趋势并提取价值。

英国科学和技术设施理事会在数据密集型科学领域的关键目标包括如下几个方面：

1）确保英国的信息化基础设施能为英国全球领先的科研地位提供支持，并为学术界、产业界及英国科学和技术设施理事会的科学项目和设施提供关键数据能力。

2）利用英国在高通量计算、高性能计算、高性能数据分析的实力及其在机器学习、人工智能领域的应用，培训新一代可服务于产业和商业的数据专家。

3）促进针对"大科学"计划与设施的实时数据处理、机器学习、计算机模拟与数据分析的使用，变革未来的科研方式。

4）通过加速人工智能与机器学习技术的开发与采用，变革英国产业界的竞争力。

6.1.4　美国国家医学图书馆致力于数据驱动科研平台的规划与实现

美国国家医学图书馆在《美国国家医学图书馆战略规划：2017—2027》中提出建设生物医学发现和数据驱动科研平台，以数据驱动科研加速知识发现、促进健康信息传播、培育交叉学科人才团队等。这一发展规划概述了美国国家医学图书馆在实现生物医学发现和数据驱动健康未来方面的优先发展事项。作为一个知识发现平台，美国国家医学图书馆在整个研究生命周期中扮演着重要角色，从最初的灵感到学术交流。美国国家医学图书馆可以预测生物医学和临床健康科学的研究方向，为科研人员提供必要的工具来加速知识发现，并在知识传播方面提高效率。此外，美国国家医学图书馆在发现、管理、分析和收集方面采用可重用的方法，可加速学科领域科研创新的发展。

作为生物医学知识发现和数据驱动的医学健康平台，美国国家医学图书馆不断收集和整合领域内高质量的信息资源，并采用专业的数据工具进行数据分析，对领域学科研究前沿做出科学的预测。它需要为各类型用户建立传播的途径，以保障信息在正确的时间出现在正确的地方。为了扩大信息学和数据科学研究的培训计划、推动生物医学知识发现未来的技术支撑，美国国家医学图书馆在《美国国家医学图书馆战略规划：2017—2027》中提出了以下三个目标。

（1）为数据密集型科学研究提供工具，加速知识发现和提高健康水平

现代科学研究不仅发展迅速，而且还产生了大量潜在的有价值的数据集，可以利用这些数据集来推动科研的创新发展，并提高科学研究进展的效率。美国国家医学图书馆将采用新的方法，将其收集的文献、图像、生物数据、环境等类型数据集汇集在一起，并为数据驱动的学科知识发现创建一个综合性的平台。美国国家医学图书馆将创建可计算的数据、模型和文献库，设计遵循使信息可查找、可访问、可互操作和可重复使用原则，与领域科学家、卫生专业人员、信息专业人员等开展合作，在知识发现和分析工具的设计中充分考虑其意见和建议，以提高其对数据、信息和知识的洞察力。此外，美国国家医学图书馆将与美国国家卫生研究院合作，确定如何融合大型美国国家卫生研究院研究计划（如"大脑计划""癌症计划"等）中生成的数据。此外，美国国家医学图书馆还将在创建和组织数据科学工具集的新方法和新方式方面发挥作用。例如，数学模型库，索引可视化工具，健康应用程序的可重用数据分析模型，开源软件和算法，研究工作流，统计、诊断或预测模型，机器可执行知识的集合。

（2）通过扩展参与途径，以更多的方式接触更多的用户

随着新资源和服务为新用户带来新的信息需求，美国国家医学图书馆需要创建新的服务路径，以便在需要信息时向他们提供相关信息。用户范围从图书馆员到研究人员，从决策者到青少年，从临床医生到家长，从制药到公共卫生实验室。每个用户组都需要独特的参与模式。用户参与包括提高对信息资源的认识、了解信息需求、促进访问和确保使用信息资源的能力。数据驱动的学科知识发现将建立在以创新方式与信息和数据交互的新模型之上，这种方式可以加速知识发现，并产生新知识，从而为决策提供科学的指导性建议。

（3）为数据驱动的科学研究培养人力

为了确保数据驱动的医学健康知识发现，需要有生物医学信息学和数据科学背景的专业人员团队，在分析、可视化、挖掘等数据分析方面取得进步，以发现医学健康新知识，并使其与现有知识进行互操作。此外，还需要新一代的图书馆员，他们能够收集和传播数据资源。同时，信息专家和图书馆员的角色需要扩大，这样可以帮助学者、患者和临床医生对海量资源进行查找和选择。

美国国家医学图书馆的主要责任是确保高级研究科学家具有生物医学信息学和数据科学研究的能力。对于所有研究人员来说，重要的技能包括：准备好"在上下文中计算"；从数据聚合中提取有意义的意图和洞察观点；创造分析、可视化、挖掘和整合数据与信息的新方法。此外，还需要培养专家，以应对在大规模、复杂化的生物医学数据和信息上进行动态、实时治疗的挑战。美国国家医学图书馆培训计划将进一步强调数据科学和大型复杂生物医学大数据的管理。

为研究人员应对数据驱动研究不断演变的挑战做好培训计划的准备，将为科学家和其他人员提供快速、及时和必要的培训。采用新颖的培训模式，从 3 分钟的视频到头脑风暴式的小组讨论，重点培养团队人员的专业知识技能和跨学科的学习能力。此外，除了扩大与加强生物医学信息学和数据科学的研究培训之外，美国国家医学图书馆还将致力于激发下一代用户的积极性，让他们参与进来，提高自身的数据素养，以促进科学进步和更好地健康发展。

从国内看，党中央、国务院高度重视网络安全和信息化工作，大力推进数字中国建设，实施数字乡村发展战略，加快 5G 网络建设进程，为发展数字农业农村提供了有力的政策保障。信息化与新型工业化、城镇化和农业农村现代化同步发展，城乡数字鸿沟加快弥合，数字技术的普惠效应有效释放，为数字农业农村发展提供了强大动力。我国农业进入高质量发展新阶段，乡村振兴战略深入实施，农业农村加快转变发展方式、优化发展结构、转换增长动力，为农业农村生产经营、管理服务数字化提供了广阔的空间。面向农业农村发展重大需求，聚焦数字农业农村"卡脖子"技术，以产业数字化、数字产业化为发展主线，以数字技术与农业农村经济深度融合为主攻方向，以数据为关键生产要素，着力建设基础数据资源体系，加强数字生产能力建设，加快农业农村生产经营、管理服务数字化改造，强化关键技术装备创新和重大工程设施建设。

开展动植物表型和基因型精准鉴定评价，深度发掘优异种质、优异基因，构建分子指纹图谱库，为品种选育、产业发展、行业监管提供大数据支持。加快发展数字农情，利用卫星遥感、航空遥感、地面物联网等手段，动态监测重要农作物的种植类型、种植面积、土壤墒情、作物长势、灾情虫情，及时发布预警信息，提升种植业生产管理信息化水平。加快种业大数据的研发与深度应用，建立信息抓取、多维度分析、智能评价模型，开展涵盖科研、生产、经营等种业全链条的智能数据挖掘和分析，建设智能服务平台。加大资源开发鉴定力度，建立基因数据库和表型数据库，为基因深度挖掘提供支撑。结合数字化智能育种辅助平台，挖掘基因组学、蛋白组学、表型组学等数据，制定针对定向目标性状优化育种方案，加快"经验育种"向"精确育种"转变，逐步实现定制设计育种。

6.2　加快推进数据密集型科研发展的建议

6.2.1　加强政策创设，强化体制机制创新

（1）加强科研信息化政策创设

政策创设是政府破解技术和资本进入信息化领域周期长、回报低等诸多障碍的有效法宝，因此应系统化、针对性、前瞻性地加强科研信息化政策的创设。政策机制体系既要覆盖数据采集、治理、挖掘、应用与服务的全生命周期，又要贯穿于数字科研基础设施建设、关键技术创新、产品研发、技术应用与服务营销等全产业链，还要包含产业链与制造业、服务业、金融业等其他产

业链的整合接口。加强数据信息的共建共享、开放应用的政策、标准工作，积极研究出台鼓励信息、数据开放获取，共享应用的政策，推动国家公共资金资助产出的各类科研信息与大数据、自然资源与环境信息和大数据、生产经营过程产出的信息和大数据等强制开放获取。

（2）加强科研体制机制创新

体制机制创新是打破传统科学研究模式，更好地适应数据密集型科研环境的重要保障。因此，顺应现代科学研究的新需求，应从以下三个方面加强科研体制机制创新，释放创新驱动发展战略活力。一是围绕开放式的科研发展趋势，加快完善数据共享标准体系，构建科研机构、企业等数据生产部门之间的数据管理及共享标准化体系，解决跨部门、跨地区、跨层级数据标准不一的问题。二是积极推动现有的科研资助模式、科研成果评审机制、科研成果转化评价标准、科研人员和科研机构激励机制等的变革，以制度体制支撑科研协同合作共同体的建设和发展。大力鼓励、引导、支持科研机构和企业间信息技术领域的前沿探索、原始创新和应用创新，鼓励科研人员更加关注市场和产品创新，鼓励企业增加信息技术研发投入，发展创新型企业，鼓励社会资本更加积极地投入到科研现代化（孙坦等，2021）。三是建立科研相关管理体制，在科研人员管理方面，建立开放式的科研人员管理制度，降低准入门槛，并允许人员随时进入和退出。国家级科研机构应发挥独特的体制优势，在积极推动科研成果产业化政策的基础上，进一步加强机制创新，打造鼓励科研人员在岗创业、企业兼职、技术入股、离岗创业等多种促进科研人员参与市场化、企业化技术创新的新模式。通过机制创新，以科研人员为纽带，打造前沿基础研究和产业技术创新两支队伍，搭建科学研究和产品研发两个平台，突破科研机构与企业创新体系的壁垒，形成基础研究与应用技术创新，科研机构与企业"一体两翼"的良性互动格局和协同创新模式。

（3）构建推动技术成熟度和可应用性的机制

数据科学和信息技术成为数据密集型科研中的战略性关键技术，能够极大地提高对复杂科学问题的解决能力，将专业领域的大量研究成果应用在生产实践中，在动态变化条件下自动整合数据并进行实时建模，促进形成数据驱动的智慧管控。但是由于信息技术和相关资本投入信息化具备周期长、回报低等特点，在将先进信息技术应用于科学研究时，往往多聚焦于技术先进性和可行性研究，容易忽略技术成熟度和规模应用性。因此，一些应用先进信息技术的信息化系统只能囿于示范基地，缺乏适应各种不同自然环境、市场条件的可复制性和可操作性。针对上述问题，需要建立市场导向的信息技术应用创新模式。尤为关键的是，如何突破现有科研成果转化机制缺陷，在继续夯实政府资助基础研究的前提下，通过体制机制创新，进一步充分发挥资本和市场的作用，建立企业主导信息技术创新的发展模式。即整个创新过程从企业定制研发产品和服务开始，倒逼科研机构和创新系统聚焦产业问题开展目标明确的产品创新、技术创新和配套的前瞻基础研究，系统地、规模化地引导和推动信息服务、信息管理、信息感知与控制、信息分析等在科学研究领域的应用。

6.2.2 加强科研基础设施建设及开放共享

（1）加快数字科研基础设施性能的提升和开放共享

以信息技术为基础的数据密集型科学研究对数字科研数据基础设施提出了更高要求，推动各个国家加快数字科研基础设施布局，如美国先后发布"大数据研发计划""国家战略性计算计划"等，围绕数据知识获取能力和高性能计算领域开展布局。而欧盟、印度、日本等也同样加速国家信息与通信技术基础设施布局，加快发展数字经济市场。因此，应积极借鉴国内外领先机构和组织，全面规划面向专业学科领域的数字科研基础设施建设方案，加强顶层设计，全面部署。

一方面，利用新一代网络技术和分布式高性能计算环境，建成科技创新赖以生存的科研信息化环境及基础设施，打造成集约高效、开放互联、泛在适用、自主可控、安全可靠的智能化科研基础设施体系。加快科研数据采集、存储、分析等相关基础设施的数据存储、计算能力建设，发展新型国家级科学大数据设施，并搭建虚拟科研平台。另一方面，大力开展数据采集、存储、传输、管理分析和共享相关的核心技术，以及数据集成技术、工作流技术、大数据挖掘技术、非结构化和半结构化数据处理技术、数据长期保存技术、大规模数据可视化技术等关键技术的研发。

此外，学术网络空间的极大扩展，对科研设施的共享共用提出了较高要求。在科学规划布局的基础上加快发展各研究领域国家级科学大数据中心，加快科研仪器共享，支撑数据科研虚拟研究和空间合作，尤其是应加大与企业之间的合作。例如，斯坦福大学与亚马逊云服务合作，为美国大学提供云计算资源和可供分析的数据资源，减轻了美国大学在计算设施方面巨量投入的负担，同时亚马逊云服务积累的海量数据也得到了更好的利用。由此可见，应重视数字科研基础设施的融合发展，加强跨部门、跨区域、跨层级的数据流通与治理，打造数字供应链，形成"数链"体系。加快推进科研单位、社会企业、社会团体等组织的科研数据开放体系建设。以科研大数据资源优化整合和高效利用为导向，加快高科技、高性能计算能力的提升以及数据分析、知识挖掘等相关应用技术的交流共享，呈现科研数据—挖掘分析—领域应用的融合发展态势，促进数据密集型科研环境下的开放科学发展。同时，从科研资源开放共享到科学研究协同合作，不断走向开放科学，走向协同创新，以保障开放共享的知识环境和协同创新的科研模式，促进科技创新的交叉、开放和协作，推进科研生态加速发展。

（2）加强科研数据的建设和共享

加强科研数据的建设和共享，大力开展科研大数据的共建共享和关键技术的研发。利用多样化工具不间断采集科研数据，以资源整合、数据共享为途径，推进数据融合、挖掘与应用，实现科研资源的共建共享（梁娟娟，2020）。加强和构建空－天－地－海一体化集信息感知与控制、信息传播与交互、大数据获取与治理于一体的科研信息化基础设施。围绕大数据资源的开发、感知、收集、传输、计算、调用、存储、分发、处理和分析，大幅改进的算法和机器学习方式，大幅提升的分析和计算能力，建立系统化工具和设施来管理整个数据生命周期、开发基于科学研究问题的数据分析及可视化工具与方法，打造集约高效、开放互联、泛在适用、自主可控、安全可靠的智能化数据基础设施体系。

同时，还应积极推进研究农业科研数据管理服务。首先，加强科研数据共享服务建设，通过与相关研究单位、企业合作，力争以互惠互利的方式获取各类海量数据和计算资源。其次，建立整个学科领域数据资源完整的采集、存储、管理、分析、应用的管理机制体制（佚名，2020），增强数据捕获、分类管理、分析挖掘技术和算法的研发与工具的开发，建立数据应用溯源管理体制及发展相应技术，以保障数据拥有者的利益和数据全生命周期的高效利用。

6.2.3　加强标准规范的制定与数字服务体系建设

（1）研究和制定信息建设的标准规范

标准化是数字科研发展的前提，可以显著提高价值链中不同利益相关者之间的数据互操作性。针对生产过程中涉及数据具有数据量大、涵盖信息多、动态性、多维度等特点，迫切需要进行信息化和数字化规范标准研制，如词汇表、分类法、测量协议、数据模型和设备接口等。研究和制定信息化规范体系建设，构建跨领域、可泛化的数据评价指标和体系，包括数据采集、存储、分析、处理和服务标准，大数据平台和系统标准，以及数据访问和交换标准，促进数据互联共享。探索建立统一规范的数据管理制度，制定数据隐私保护制度和安全审查制度，提高数据质量和规范性。

（2）在信息化建设中强调遵循数据 FAIR 原则

FAIR 原则是提高学术数据可重复使用性的指导原则，其作为一套国际化方法，突破数据开放获取的设定，强调以开放的结构化元数据及可互操作的机器可读数据格式来推进数据再利用，应用对象由传统数据扩展至算法程序、工具软件和工作流程。科研人员需要一个共享的科研环境，因此应充分重视、贯彻 FAIR 理念和原则，要求信息化基础设施内的所有资源和服务遵守 FAIR 原则。特别是需要共享的元数据和语义来标准化、描述和注册资源及其关系，需要制定和发布关于如何使数据 FAIR 化的指导方针和操作指南，在操作指南中建议与每种资源类型关联的元数据和数据要求，有效指导向高质量和互操作性的 FAIR 数据转化的实践工作。

（3）建设新型数字服务体系

充分利用人工智能、云计算、区块链、边缘计算、量子计算、类脑计算、光子计算等新技术，建设具有专业领域特色的数字服务体系。加强国际、国内与科技创新主体、创新活动和创新产出等密切相关的科技创新大数据建设与集成整合，重点推进科技文献大数据、科学大数据、科研管理大数据等的集成治理；完善科技信息服务平台，构建数据、文献等统一检索和发现服务，支持语音、手势、文本输入，研发多功能智能文献/数据服务助手，鼓励专家在线解决生产难题；开展生产性服务，促进公益性服务和经营性服务便民化；建设一批创业创新中心，实时采集发布和精准推送农村劳动力就业创业信息。加大科学家、大数据专家、人工智能专家、科学研究参与者和受益者（如农民、公众）的对话与合作，促进技术融合、理念融合、服务融合。

6.2.4 积极推进科研组织模式转型与人才队伍建设

（1）推进科研协作共同体的建设

开放式数据密集型科研和多学科交叉融合研究的新趋势，打破了原有以科研人员个体或者小组为单元的科研组织模式。这一科研范式的转变迫切需要打破各创新主体间的壁垒，围绕共同的创新目标，充分发挥不同创新主体的优势与特色，有效汇聚创新资源和创新要素（刘蓉蓉等，2015），加快建立健全各主体、各方面和各环节有机互动，实现优势互补、资源共享和合作攻关。建立更为广泛的协同高效创新链条，在最大范围内获得科研资源、技术支撑、人力支撑，有效支撑新型科学研究的创新发展。

首先，积极推进开展更为广泛的科学研究协同合作，改变原有以科研人员个体或者小组为单元的科研组织模式，将具有相关研究方向的研究团体组织起来，加强创新群体间的协作和交流。深化大数据在不同学科领域的协同创新，建立全球性的科研协同合作共同体，在最大范围内实现科研资源的共建和共享，缩短科研时间，提高科研效率。

其次，强化多学科交叉融合意识，促进学术研究领域由单一学科和单一领域向跨学科、多领域的融合型科学研究转变，由自足于国内本土化的科学研究向与国际合作的跨国型科学研究转变。强调信息技术领域与专业学科领域的融合科学研究，加大科学家、大数据专家、人工智能专家、科学研究参与者间的对话和合作。创新体制机制，跨越学科边界，实现学科间的思维碰撞与技术共享，促进前沿科学发展、学科交叉融合和先进技术创新。

最后，强化科研人员共同体意识。加快建立健全各主体、各方面和各环节有机互动，有效汇聚创新资源和创新要素，实现优势互补、资源共享和合作攻关，建立起完整的科研协同链条，不断提升协同效率和科技成果产出，实现现代信息技术与农业生产、经营、管理和服务全产业链的"生态融合"和"基因重组"，形成科研机构与企业"一体两翼"的良性互动格局和协同创新模式。

（2）加速数据科研人才培育

科研范式的不断变革对科研相关人才的素质提升不断提出新的要求。当前，数据密集型科学研究更加强调科研相关人员的数据收集、采集、存储、非数据资源的数字化和数据知识的挖掘等能力。例如，美国高度重视对科研数字化人才的培育，大力推进教学改革和人才培育项目进程，遴选专业技能过硬且具有潜质的人员外出学习深造，或是聘请知名高校或公司数据管理专家或工程师进行实训。

因此，为应对数据密集型科研范式对科学研究发展的挑战，首先应重视提高科研人员的科学数据素养，加强对科研人员的数据管理及数据分析能力和技能的培养，使研究人员能够具备数据管理、数据 FAIR 化、数据分析等能力，以协调一致的方式开发实用的大数据工具和服务。增强研究人员对新技术、新工具的应用能力，提升其科研管理及服务系统应用能力以及其他服务能力。其次，重视跨学科、跨行业的知识交流和技术集成，加快培育包括数据科学家、数据工程师、数据分析师等在内的专业人才，建立数据科学研究机构，开展数据高质量管理和分析。最后，在高等教育中开设大数据相关专业和课程，并融入云计算、人工智能等课程，提升科研人员基本数据科研素质。

科学研究需要技术手段和平台设施的支撑，重大科学发现越来越依靠数字科研基础设施，国家数字科研基础设施是突破科学前沿、解决国家重大科技问题的技术基础。同时，开放科学、数据驱动等催生了科学研究环境的变化，对整个科学研究环境和基础设施以及学术交流体系带来了变化和影响，加速了数据密集型科研范式的发展。在数据密集型科研范式下，不断产生的可被利用的海量数据将彻底改变科学研究的模式，构筑新型的数字科研基础设施以实现数据的管理、分析及计算，进而支撑不同学科领域的数据密集型科学研究。因此，一些发达国家为适应数据密集型科研范式下的科研新形势，纷纷制定发展数据密集型科研的战略规划，并投入资金大力建设支撑数据密集型科研的数字科研基础设施以及打造生态科研环境，一些研究机构、联盟组织等开始提供数据科学、数据计算、数据挖掘等方面的培训，培养下一代用户开展数据密集型科研的能力。另外，国际科学、技术与医学出版者协会（International Association of Scientific，Technical and Medical Publishers, STM）近几年发布的技术趋势报告也反映了用户对数据的需求。2020 年 4 月，STM 推出了《技术趋势 2024》，指出用户期望在可信赖的环境中，通过个性化精确服务可以控制数据，开展科学研究和科学发现。人工智能和数据的结合使知识可以依据用户需求以各种形式呈现，并可根据用户兴趣进行微调。2021 年 4 月，STM 又推出了《技术趋势 2025》，重点强调数据知识的可信赖。数据知识的可信赖将会增加用户的黏性，关系到服务产品能否应用于学术科研场景、科学实验场所、预印本与数据挖掘、数据智能工厂等场景，以及服务平台和系统提供的数据支持是否可信赖和可溯源。

在大数据驱动的时代背景下，科研智能化将成为未来科学研究的一种科研模式。如何为一线科学研究提供更加强有力的数据支撑，是知识服务需要考虑和前瞻部署的重大命题。未来，亟须建设下一代数字科研基础设施，实现大规模科研数据的规范化表达、建模、操作、计算和科学知识的溯源。随着人工智能已成为科学研究所依靠的"发动机"，知识推理平台的构建已成为支撑未来科学研究创新发展的关键，重点研究深层的、特定于专业领域的推理模型，助力科研人员对未知领域的探索。希望能够呼吁整个研究界、政府、资助机构和公众共同行动起来。相信未来数字科研基础设施的建设亦将构筑在科学数据深度挖掘和人工智能基础之上，引领知识密集型科学研究创新模式变革，实现下一代科研环境下的资源、技术和服务场景的高效融合。实现科研数据互联互通、资源共建共享，以及人工智能技术、大数据技术和其他相关新兴技术与科学研究过程的全方位融合，形成嵌入科技创新全周期和科技体系全布局的科研工作辅助技术体系和工具体系，逐步构建智能一体化的科研生态体系，极大地提高科学研究的效率。科技创新活动日益社会化、大众化、网络化，逐步走向新型人机共生协作的科研模式，形成以数据科学和计算智能交叉融合的专业领域学科体系，实现科学研究机理的智能探究和实验验证智能支撑，推动科研活动的智能化发展，促进智能驱动的下一代科研范式的产生。

参考文献

曹嘉君，王曰芬．2018.基于数据科学的知识创新服务应用模式构建研究[J].情报学报，37(10):971-978.

陈明．2013.数据密集型科研第四范式[J].计算机教育，(9):103-106.

陈秀娟，张志强．2018.开放科学的驱动因素、发展优势与障碍[J].图书情报工作，62(6):77-84.

陈正宇，杨庚，陈蕾，等．2011.无线传感器网络数据融合研究综述[J].计算机应用研究，28(5):1601-1604,1613.

邓仲华，李丽睿，陆颖隽．2013.面向科学研究第四范式的云服务框架模型[C].Singapore: 2013 International Conference on Education and Educational Research(EER 2013).

邓仲华，李志芳．2013.科学研究范式的演化——大数据时代的科学研究第四范式[J].情报资料工作，(4):19-23.

董少春，齐浩，胡欢．2019.地球科学大数据的现状与发展[J].科学技术与工程，19(20):1-11.

杜杏叶，李贺，李卓卓．2018.面向知识创新的科研团队数据能力模型构建研究[J].图书情报工作，62(4): 28-36.

段青玉，王晓光．2019.人文社科数据出版平台FAIR原则应用调查研究[J].科技与出版，(4): 前插4,5-11.

段小华，刘峰．2014.欧洲科研基础设施的开放共享：背景、模式及其启示[J].全球科技经济瞭望，29(1):66-71.

付少雄，林艳青，赵安琪 . 2019. 欧盟开放科学云计划：规划纲领、实施路径及启示 [J]. 图书馆论坛，39(5):147-154.

高再 . 2019. 美国科学家眼中未来农业的发展方向 [J]. 农机市场，(10):60-62.

何冬玲，章顺应 . 2021. "开放科学" 的发展历程，趋势及其挑战 [J]. 长沙理工大学学报（社会科学版），36(1):62-69.

何法信，孙晓云 . 1989. 科学发展的内部逻辑——分析一种新的科学史观 [J]. 河北师范大学学报，(4):142-145,30.

贺威，刘伟榕 . 2014. 大数据时代的科研革新 [J]. 未来与发展，36(2):2-5.

贺晓丽 . 2019. 美国联邦大数据研发战略计划述评 [J]. 行政管理改革，(2):85-92.

黄国彬，孙坦 . 2005. e-Science 的特点及文献情报机构的应对措施 [J]. 图书馆杂志，24(9): 22-24,15.

黄金霞，景丽 . 2011. 面向 VIVO 本体的数据摄取工具 [J]. 现代图书情报技术，(2):16-20.

黄金霞，鲁宁，孙坦 . 2009. 2007 年以来虚拟科研环境的研究和实践进展 [J]. 图书馆建设，(7):110-113.

黄维，赵鹏 . 2016. 虚拟社区用户知识共享行为影响因素研究 [J]. 情报科学，34(4):68-73,103.

黄鑫，邓仲华 . 2017. 数据密集型科学研究的需求分析与保障 [J]. 情报理论与实践，40(2):66-70,79.

纪树立 . 1982. 论库恩的 "范式" 概念 [J]. 自然辩证法通讯，(3):6-15.

江绵恒 . 2008. 科学研究的信息化：e-Science[J]. 科研信息化技术与应用，(1):8-13.

姜禾 . 2011. NSF 网络基础设施咨询委员会数据和可视化工作小组研究报告发布 [J]，信息化研究与应用快报，(8):1-25.

姜明智 . 2018. 科学组织范式的演变及其发展趋势研究 [J]. 图书与情报，183(5):50-55,146.

姜明智，曲建升，刘红煦，等 . 2018. 科学组织范式的演变及其发展趋势研究 [J]. 图书与情报，183(5):44-49,140.

蒋冬英 . 2018. 开放科学环境下的图书馆资源建设与服务创新 [J]. 图书与情报，(6):106-109.

金莎 . 2018. 数据密集型科学的运行机制研究 [D]. 天津：天津大学 .

金吾伦 . 2009. 范式概念及其在马克思主义哲学研究中的应用 [J]. 中国特色社会主义研究，(6):46-49.

郎杨琴，孔丽华 . 2010. 科学研究的第四范式 吉姆·格雷的报告 "e-Science: 一种科研模式的变革" 简介 [J]. 科研信息化技术与应用，(2):3.

黎建辉，虞路清，张波，等 . 2015. 中科院科学数据云架构探析 [J]. 中国教育网络，(10):33-34.

李兵，林文钊，罗峥尹 . 2018. 基于机器学习的智慧农业决策系统设计与实现 [J]. 信息与电脑 (理论版)，(24):74-75.

李方生，赵世佳 . 2020. 地理学前沿观点 [J]. 科技导报，38(13):7-11.

李捷，师蔚群，李晟 . 2018. 我国发展公众参与科研的条件、挑战和对策研究 [J]. 科技与管理，20(6):66-72.

李金林，张秋菊，冉伦 . 2013. 开放存取对学术交流系统的影响分析 [J]. 图书馆论坛，33(3):13-18.

李进华，王伟军 . 2007. 知识网格及其在 e-Science 中的应用研究 (四)——知识网格在 e-Science 中的应用 [J]. 情报科学，25(10):1563-1569.

李堃，季梵 . 2019. 关于库恩范式理论的几点思考——从《科学革命的结构》谈起 [J]. 新疆社科论坛，(5):108-112.

李兰兰 . 2019. 黑洞照片背后的女人：凯蒂·博曼 [J]. 现代班组，(5):53.

李蕾，姜卫平，庄汇文 . 2005. 简论科研基础设施与装备条件区域共享平台的建设 [J]. 实验室研究与探索，24(3):87-89,114.

李新洲 . 2017. 事件视界望远镜 [J]. 科学 (上海)，69(3):17-22.

李志芳，邓仲华 . 2014. 科学研究范式演变视角下的情报学 [J]. 情报理论与实践，37(1):4-7.

李志刚，金铎，阎永廉，等 . 2004. 我国大科学装置发展战略研究和政策建议 [J]. 中国科学基金，18(3): 166-171.

梁娟娟 . 2020. 农业农村部《数字农业农村发展规划（2019—2025 年）》解读 [J]. 农村实用技术，(4):1-2.

梁娜，曾燕 . 2013. 推进数据密集科学发现 提升科技创新能力：新模式、新方法、新挑战——《第四范式：数据密集型科学发现》译著出版 [J]. 中国科学院院刊，28(1):115-120.

廖小飞，范学鹏，徐飞，等 . 2011. 数据密集型大规模计算系统 [J]. 中国计算机学会通讯，7(7): 33-40.

刘蓉蓉，徐东辉，刘涛，等 . 2015. 试论农业科研协同创新的几种模式 [J]. 农业科技管理，34(5):15-18.

刘文云，刘莉 . 2020. 欧盟开放科学实践体系分析及启示 [J]. 图书情报工作，64(7):136-144.

刘霞，饶艳 . 2013. 高校图书馆科学数据管理与服务初探——武汉大学图书馆案例分析 [J]. 图书情报工作，57(6):33-38.

刘艳红，罗健 . 2013. 数据密集型科学环境下的情报服务与发展 [J]. 图书与情报，(6):105-108.

罗鹏程，朱玲，崔海媛，等 . 2016. 基于 Dataverse 的北京大学开放研究数据平台建设 [J]. 图书情报工作，60(3):52-58.

宁康，陈挺 . 2015. 生物医学大数据的现状与展望 [J]. 科学通报，60(5-6):534-546.

钱志鸿，王义君 . 2013. 面向物联网的无线传感器网络综述 [J]. 电子与信息学报，35(1):219-231.

秦顺，邢文明 . 2019. 开放·共享·安全：我国科学数据共享进入新时代——对《科学数据管理办法》的解读 [J]. 图书馆，(6):36-42.

盛小平，杨智勇 . 2019. 开放科学、开放共享、开放数据三者关系解析 [J]. 图书情报工作，63(17):15-22.

史广军，焦文彬 . 2019. 开放科研基础设施的共享管理平台机制、功能与流程——基于中国科学院仪器设备共享管理平台案例的分析 [J]. 中国科学基金，33(3):246-252.

史雅莉，司莉 . 2019. 国内外科学数据引用研究及实践进展 [J]. 图书馆，(4):5-12,47.

司莉，辛娟娟 . 2014. 英美高校科学数据管理与共享政策的调查分析 [J]. 图书馆论坛，34(9):80-85,65.

司莉，辛娟娟 . 2015. 科学数据共享中的利益平衡机制研究 [J]. 图书馆学研究，(1):13-16,12.

孙坦 . 2009. 数字化科研：e-Science 研究 [M]. 北京：电子工业出版社 .

孙坦，黄永文，鲜国建，等 . 2021. 新一代信息技术驱动下的农业信息化发展思考 [J]. 农业图书情报学报，33(3):4-15.

孙坦，黄永文，张建勇，等 . 2020. 开放科学环境下国家科技文献发展战略研究与展望 [J]. 图书情报工作，64(14):3-12.

谭春辉，王仪雯，曾奕棠 . 2019. 激励机制视角下虚拟学术社区科研人员合作的演化博弈研究 [J]. 现代情报，39(12):64-71.

托马斯·库恩 . 2004. 必要的张力 [M]. 范岱年，纪树立，译 . 北京：北京大学出版社 .

王峰，林丽珊，刘毅 . 2018. 基于群组平台知识圈的精准信息推荐 [J]. 现代情报，38(7):74-80.

王俭，修国义，过仕明 . 2019. 虚拟学术社区科研人员信息行为协同机制研究——基于 ResearchGate 平台的案例研究 [J]. 情报科学，37(1):94-98,111.

王卷乐，祝学衍，石蕾，等 . 2014. 国际研究数据联盟及对我国科学数据共享的启示 [J]. 中国科技资源导刊，46(2):15-20.

王鹏飞 . 2020. 研究生科研数据服务需求及影响因素研究 [D]. 哈尔滨：黑龙江大学 .

王凭慧 .1999. 科学研究项目评估方法综述 [J]. 科研管理，20(3):18-24.

王若佳，魏思仪，赵怡然，等 . 2018. 数据挖掘在健康医疗领域的应用研究综述 [J]. 图书情报知识，(5):114-123,9.

王艳翠，李书宁，李爱红 . 2015. 研究数据联盟——建立全球数据共享和数据交换的基础架构 [J]. 图书馆理论与实践，(1):52-54,73.

温珂，宋琦，张敬 . 2012. 促进科研基础设施共享的探索与启示 [J]. 中国科学院院刊，27(6):717-725.

吴岱明 .1987. 科学研究方法学 [M]. 长沙：湖南人民出版社 .

吴建中 . 2018. 推进开放数据 助力开放科学 [J]. 图书馆杂志，37(2):4-10.

吴金红，陈勇跃 . 2015. 面向科研第四范式的科学数据监管体系研究 [J]. 图书情报工作，59(16):11-17.

夏立新，陈燕方 . 2016. 大数据时代情报危机的发展演变及其应对策略研究 [J]. 情报学报，35(1):12-20.

邢文明，郭安琪，秦顺，等 . 2021. 科学数据管理与共享的 FAIR 原则——

背景、内容与实施 [J]. 信息资源管理学报，11(2):60-68,84.

徐坤，曹锦丹. 2014. 高校图书馆参与科学数据管理研究 [J]. 图书馆论坛，34(5):92-98.

杨凌雯. 2016. 基于数据挖掘的智慧农业生产系统的研究 [D]. 杭州：浙江理工大学.

杨洋. 2021. 科技创新治理的历史演进与治理难题 [J]. 科技中国，283(4):5-12.

佚名. 2015. 欧盟：人脑计划的新进展 [J]. 中国信息界，(12):78-79.

佚名. 2016. 集成多台望远镜数据新算法将助科学家生成首张黑洞图像 [J]. 创新时代，(7):98.

佚名. 2017. 欧洲开放科学云科研试点项目启动 [J]. 中国教育网络，(4):55.

佚名. 2020.《数字农业农村发展规划》发布 引领智慧农业高质量发展 [J]. 农业工程技术，40(9):8.

于建军，狄焰亮，董科军，等. 2011. 科研在线：云服务模式的网络虚拟科研环境 [J]. 华中科技大学学报（自然科学版），39(S1):33-37.

袁曦临. 2014. E-science 环境下学术规范的新领域：科学数据 [J]. 甘肃社会科学，(3):85-88.

曾令华，尹馨宇. 2019. "范式"的意义——库恩《科学革命的结构》文本研究 [J]. 武汉理工大学学报(社会科学版)，32(6):72-77.

张计龙，殷沈琴，张用，等. 2015. 社会科学数据的共享与服务——以复旦大学社会科学数据共享平台为例 [J]. 大学图书馆学报，33(1):74-79.

张建英，何建成. 2017. 大数据在中医学中应用的可行性分析与展望 [J]. 中华中医药杂志，32(1):17-20.

张娟，田倩飞，房俊民，等. 2018. 全球科研数据与计算平台发展及趋势分析 [J]. 世界科技研究与发展，40(2):126-132.

张伶，祝忠明，寇蕾蕾. 2020. 欧洲开放科学推进发展的体系与实践路径 [J]. 图书情报工作，64(10):118-127.

张文飞，胡娟，唐沛. 2016. 用户运营构筑强大传播力，纸网互动共建学术出版生态——以"壹学者"移动学术科研服务平台为例 [J]. 传媒，(19):25-28.

张玉娥，王永珍. 2017. 欧盟科研数据管理与开放获取政策及其启示——以

"欧盟地平线 2020" 计划为例 [J]. 图书情报工作，61(13):70-76.

张志勤. 2013. 欧盟云计算战略与行动举措——欧洲云计算服务潜力的充分
释放 [J]. 全球科技经济瞭望，28(4):1-9.

赵瑞雪，赵华，朱亮. 2019. 国内外农业科学大数据建设与共享进展 [J]. 农
业大数据学报，1(1):24-37.

赵艳，涂志芳，刘雅静. 2020. 战略规划视角下学术图书馆转型路径研究 [J].
图书情报工作，64(24):22-31.

赵毅. 2013. 美国科学基金会大力支持数据密集型科学计算 [J]. 科研信息化
技术与应用，4(3):91-93.

《中国电子科学研究院学报》编辑部. 2013. 大数据时代 [J]. 中国电子科学研
究院学报，8(1):27-31.

中国国际经济交流中心大数据战略课题组，张影强，张大璐，等. 2018. 发
达国家如何布局大数据战略 [J]. 中国经济报告，(1):87-89.

中国科学院成都文献情报中心信息科技战略情报团队. 2019. 欧洲开放科学
云正式启动 [J]. 中国教育网络，242(4):41.

周晓英. 2012. 情报学进展系列论文之七 数据密集型科学研究范式的兴起与
情报学的应对 [J]. 情报资料工作，(2):5-11.

周玉琴，邢文明. 2018. 我国科研数据管理与共享政策体系研究 [J]. 中华医
学图书情报杂志，27(8):1-7.

朱玲，聂华，崔海媛，等. 2016. 北京大学开放研究数据平台建设：探索与
实践 [J]. 图书情报工作，60(4):44-51.

邹儒楠，于建荣. 2010. 浅析非正式交流的历史变迁 [J]. 情报理论与实践，
33(12):13 -16.

Hey T，Tansley S，Tolle K. 2012. 第四范式：数据密集型科学发现 [M]. 潘教
峰，张晓林，等译. 北京：科学出版社.

Aghakhani N, Lagzian F, Hazarika B. 2013. The role of personal digital library
in supporting research collaboration[J]. Electronic Library, 31(5):548-560.

Assante M, Boizet A, Candela L, et al. 2019. Realising a science gateway for the
agri-food: the aginfra plus experience[C]. 11th International Workshop on
Science Gateways.

Assante M, Candela L, Castelli D，et al. 2019.Enacting Open Science by D4Science[EB/OL]. https://openportal.isti.cnr.it/data/2019/403216/2019_403216.postprint.pdf[2023-08-22].

Burgess H K, DeBey L B, Froehlich H E, et al.2017. The science of citizen science: exploring barriers to use as a primary research tool[J]. Biological Conservation, 208(SI):113-120.

Diwekar U, Mukherjee R.2017. Optimizing spatiotemporal sensors placement for nutrient monitoring: a stochastic optimization framework[J]. Clean Technologies and Environmental Policy, 19(9):2305-2316.

Dumontier M. 2022. A formalization of one of the main claims of "The FAIR Guiding Principles for scientific data management and stewardship" by Wilkinson et al. 2016[J]. Data Science, (1):5.

Fountas S, Espejo-Garcia B, Kasimati A, et al. 2020. The future of digital agriculture: technologies and opportunities[J]. IT Professional, 22(1):24-28.

Hey T, Tansley S，Tolle K. 2009. The Fourth Paradigm: Dataintensive Scientific Discovery [M]. Washington: Microsoft Research.

Hudak D E, Stredney D, Calyam P, et al. 2011. Enabling data-intensive biomedical science: gaps, opportunities, and challenges[J]. Omics a Journal of Integrative Biology, 15(4):231-233.

Humphrey C. 2016. E-Science and the life cycle of research[EB/OL]. https://era.library.ualberta.ca/items/3334684b-fa6a-4c9d-a74b-559fecd42f9f[2021-11-22].

Juanilla V, Dereeper A, Beaume N, et al. 2019. Rice Galaxy: an open resource for plant science[J]. GigaScience, 8(5):1-14.

Kersting K, Bauckhage C, Wahabzada M, et al. 2016. Feeding the World with Big Data: Uncovering Spectral Characteristics and Dynamics of Stressed Plants[M]//Lassig J, Kersting K, Morik K. Computational Sustainability. Germany: Springer-Verlag Berlin: 99-120.

Law E, Williams A, Shirk J, et al. 2017. The Science of Citizen Science: Theories, Methodologies and Platforms[C]. Cscw '17: Companion of The

2017 Acm Conference On Computer Supported Cooperative Work And Social Computing. USA: Assoc Computing Machinery: 395-400.

Manola N, Rettberg N, Manghi P, et al. 2019. Achieving Open Science in the European Open Science Cloud[EB/OL]. https://eosc-portal.eu/sites/default/files/OpenAIREAdvance_Milestone2_OpenAIREinEOSC_v1.3.pdf[2023-08-22].

Mell P, Grance T. 2011.The NIST Definition of Cloud Computing (Draft)[J]. NIST Special Publication, 800: 145.

Mendez B J H, Day B，Gay P L,et al.2010. The Spectrum of Citizen Science Projects in Astronomy and Space Science[C].Science Education And Outreach: Forging a Path To The Future. USA:Astronomical Soc Pacific, 431: 324-333.

NSF. 2021. Harnessing the Data Revolution (HDR): Institutes for Data-Intensive Research in Science and Engineering[EB/OL]. https://www.nsf.gov/pubs/2021/nsf21519/nsf21519.htm[2021-11-22].

Panagiotis Z, Nikos M, Pythagoras K, et al. 2018.e-ROSA D3.7-Foresight Roadmap Paper (V1.0|Final). Zenodo[EB/OL]. https://doi.org/10.5281/zenodo. 1314186[2021-08-22].

Ribes D. 2014. The kernel of a research infrastructure[C]. CSCW '14:Proceedings of the 17th ACM Conference on Computer Supported Cooperative Work & Social Computing.

Sansone S-A, McQuilton P, Rocca-Serra P, et al.2019. FAIRsharing as a community approach to standards, repositories and policies[J]. Nature Biotechnology, 7: 358-367.

Selby P, Abbeloos R, Backlund J E, et al. 2019. BrAPI—an application programming interface for plant breeding applications[J]. Bioinformatics, 35(20): 4147-4155.

Vertatschitsch V, Primiani R, Young A, et al. 2015. R2DBE: a wideband digital backend for the Event Horizon Telescope[J]. Publications of the Astronomical Society of the Pacific, 127(958):1226-1239.

Wallace G, Rodgers-Melnick E, Buckler E. 2018. On the road to breeding 4.0: unraveling the good, the bad, and the boring of crop quantitative genomics[J]. Annual Review of Genetics, 52(1): 421-444.

Yue Z, Wang Y. 2017. The policy and enlightenment of EU's scientific data management and open access: taking the EU Horizon 2020 Program as an example[J]. Library and Information Service, 61(13):70-76.